少年游学

最美中国

人生一要去的100个地方

日知图书◎编著

北方妇女儿童出版社

·长春·

前言

读万卷书，行万里路。

读书可以丰富知识，旅行更能开拓视野。作为新时代的少年，我们要以朝气蓬勃的姿态，去探索这个世界，去认识这个国家，去感受这个时代的无限可能。翻开古老的历史书籍，英雄壮举跃然于眼前；体验科技的浪潮，未来的世界张开臂膀；行走在青山绿水间，自然的心跳声在耳畔回荡……我们要融入时代的浩瀚长河，用自己的力量书写壮丽的篇章。旅行的意义不仅在于风景的欣赏，更在于心灵的洗涤与升华。登上高山之巅，踏入古城石街，让智慧滋润心灵，让人文情怀沁入血脉。旅行中的点点滴滴，都让我们不断学习、成长和进步。

《最美中国：人一生要去的 100 个地方》为我们打开了一扇认识祖国的大门。独特的视角、精美的图片和生动的文字，带领我们走进神奇多彩的中国。从遗世独立的古迹到迷人如画的山海，从延续千年的古城到绚丽繁华的现代都市，每个地方都散发着自己独有的魅力，等待我们亲身体验。在探索的过程中，我们可以拥抱多元的文化，感受和谐的自然，照见不一样的自己。

旅行是我们生活的一部分，它驱使我们不断探寻未知。这本书只是启程的标志，它为我们揭开世界全新的面纱，但更重要的是引领我们勇敢探索。让我们鼓起勇气，不断向前，去发现更多未知风景，开启更多奇妙冒险。愿大家的旅途充满阳光与勇气，心怀家国、胸怀天下，在探索中不断超越自我，找到更好的自己！

目录

第一章

华夏儿女的营建遗迹

匠心营造的 遗世之美

> 我国古建筑艺术在世界上独树一帜，留下了无数精彩绝伦的建筑遗存，包括各式宫殿、坛庙、民居等，是不得不看的民族瑰宝。

殿宇之海——故宫

故宫位于北京中轴线的中心，也叫紫禁城，是明清两朝的皇宫。故宫是世界上最宏伟的宫殿建筑群之一，它南北长961米，东西宽753米，外有宽52米的护城河。故宫四面城墙每面各开一个城门，自午门至玄武门有一条南北中轴线。

以乾清门为界，故宫内部分为外朝、内廷两个部分，按中轴线对称分布若干院落。外朝以太和殿、中和殿、保和殿为中心，是皇帝举行朝会和庆典的地方；内廷以乾清宫、交泰殿、坤宁宫为中心，是皇帝与后妃的住所。故宫宫殿建筑群是最能体现中国古代建筑中院落式布局的特点的例子。

太和殿

俗称"金銮殿"，是举行大朝会和大典的地方。

九龙壁

雕有九条龙的琉璃影壁，用黄、绿、紫等颜色的琉璃组砌而成。

养心殿

自清朝雍正皇帝即位以后，这里成为皇帝居住、议政的场所。

乾清宫

自清朝雍正皇帝移住养心殿以后，这里成为皇帝处理政务的地方。

世界屋脊上的皇宫——布达拉宫

641年，唐朝文成公主嫁到吐蕃，松赞干布为其营造宫室。史书是这样描述的：在红山那里，筑起三道围墙。然后，在围墙当中修起了堡垒式的宫室999间，又在红山顶上修起一间来凑足千间之数。这些宫室都装有金铃、珍珠网等物，显得十分壮丽，真与天宫媲美。后经战乱失火等磨难与沧桑，仅存法王洞和超凡佛殿两处。站在布达拉宫的高处，游客可以俯瞰整个拉萨市的美景，同时还能欣赏到雪山、河流和蓝天的壮丽景色。

游学百科

粉刷布达拉宫

藏历每年九月，各地的藏族同胞会来到布达拉宫，用牛奶、白糖和红糖等把布达拉宫粉刷一新。据说这项传统已经延续了数百年。

1. 把牛奶、白糖和白灰等搅拌成涂料。
2. 把涂料背上山。
3. 吊在墙壁上粉刷墙面。

1   2   3

>>> 必去理由 >>>

布达拉宫以其壮丽的建筑风格、珍贵的文物和壮观的自然景观闻名于世，是一个让人向往的旅游胜地。

布达拉宫这么多台阶，爬上去可真不容易啊！

布达拉宫的主体分为白宫、红宫两大部分。远远望去，白宫横亘在山峦之上，雄姿稳健；它上面的红宫金顶辉煌，巍然耸立。整体建筑气势宏伟，神秘庄严。

目前，布达拉宫已不再用于政治活动，而只保留了宗教功能。1961年，布达拉宫被列为第一批全国重点文物保护单位。1994年，被列入《世界遗产名录》。

儒家文化发源地——孔庙

曲阜三孔，是全中国乃至整个亚洲儒家文化圈的圣地。南京夫子庙、曲阜孔庙、北京孔庙和吉林文庙并称为"中国四大文庙"。世界各地分布着2000多座孔庙，可见孔子及儒家文化在世界上的影响力。曲阜孔庙共有殿堂466间，前后九进院落，左右对称，布局严谨。孔庙与北京故宫、承德避暑山庄并称为"中国三大古建筑群"。

曲阜孔庙大成殿

大成殿是孔庙主体建筑，是祭祀孔子的中心场所。大成殿与北京故宫的太和殿、泰安岱庙的天贶殿并列为"东方三大殿"。

仔细看，大成殿正门的10根石柱上都有二龙戏珠的浮雕。

祭天祈谷之地——天坛

天坛，原名"天地坛"，坐落在北京市东城区永定门大街的东侧，明朝嘉靖九年（1530）更名为"天坛"。它曾是明朝和清朝皇帝举行祭天、祈谷和祈雨仪式的场所，是我国现存最大的古代祭祀建筑群。天坛由双重坛墙包围，内部被分为内坛和外坛。天坛的主要古建筑集中于内坛区域，内坛由圜丘坛、祈谷坛和斋宫这三组古建筑群组成。天坛不仅具有较高的历史价值、科学价值，还因其独特的艺术价值和深刻的文化内涵而受到高度评价。

从明永乐十九年（1421）永乐皇帝在天坛举行第一次天地合祀大典，到清光绪三十三年（1907）光绪皇帝最后一次在天坛祭天，明清两代共有22位皇帝在此举行过祭天大典。如今的天坛已成为天坛公园，向公众开放。

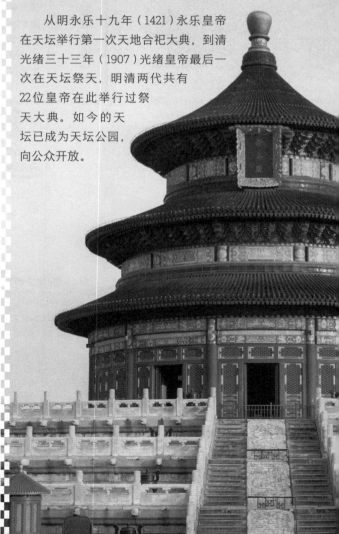

恒山第一胜景——悬空寺

"悬空寺，半天高，三根马尾空中吊"，位于山西省大同市浑源县的悬空寺，原叫"玄空阁"。"玄"取自于中国道教教理，"空"则来源于佛教的教理。后改名为"悬空寺"，因为整座寺院就像悬挂在悬崖上，在汉语中，"悬"与"玄"同音，因此得名。

悬于绝壁

悬空寺建造位置惊险奇特，其建筑布局、形制装饰，在对称之中有变化，分散之中有联系，参差有致，虚实相生。远远望去，犹如一群上不着天、下不着地的层楼飞阁，镶嵌在万仞峭壁之间，令人叹绝。曾有古诗写道："飞阁丹崖上，白云几度封。""蜃楼疑海上，鸟道没云中。"生动地描绘了悬空寺惊险神奇、动人心魄的景象。寺内有各种铜铸、铁铸、泥塑、石雕的佛像，颇富艺术价值。

游学百科

集儒、释、道三教众神之地

悬空寺中供奉着儒教圣人孔子、佛教创始人释迦牟尼、道教始祖老子，三教思想在这里融合升华。

千年不倒

悬空寺坐落在北岳恒山下金龙口西岩峭壁上，始建于北魏晚期，金、元、明、清屡有修葺。悬空寺现存大小殿阁13座，在陡崖上凿洞穴、插悬梁为基，楼阁之间有栈道相通。全寺最高处的三教殿，三层九脊，其荷载分别由每层插入崖石的木梁承担，而木梁与层间主柱，以及嵌固在峭壁上的斜撑相互连接成一整体，使结构具有极好的稳定性。

土楼最多可以住几百人，好不热闹！

游学百科

土楼建造指南

想知道土楼是怎么建成的吗？主要分为以下几个步骤：

开挖地基

立柱竖木

砌墙脚

铺上瓦片

夯筑土墙

装饰装修，择吉时入住

民居瑰宝——土楼

福建土楼大多为客家人所建，所以又称"客家土楼"。它大致分布在福建省西南山区，客家人和闽南人聚居的福建、江西、广东三省交界地带。隐藏在崇山峻岭之中的8000多座土楼独具特色，有圆形、八角形、方形等多种形状。这些土楼以其规模和造型成为人类建筑史上的奇迹，充分展现了建筑的魅力。

之所以称之为"土楼"，是因为土楼的建造完全不用钢筋、水泥，只用土石夯筑。土楼或圆或方，紧紧地依偎在一起。每座土楼只有一扇门可供出入。数百年来，客家人从过去走到了现在，土楼隽永的意境在向人们低诉，亲情与温情皆化作黄泥，成为土楼中最厚重的一块。

土楼内部

土楼内每层都有一条长长的走廊，通往各家各户。

帝王潜居——雍和宫

雍和宫位于北京，作为皇家寺院，从清康熙年间开始，每年都要举办大愿祈祷法会，从正月二十三持续到二月初一。法会期间到雍和宫礼佛的人特别多，信众们虔诚礼佛、燃香、转经。雍和宫还作为文化景点对外开放，吸引了许多游客前来感受其独特的宗教氛围。

出了两位皇帝的王府

雍和宫是由行宫改建而成的藏传佛教寺院，迄今已有超过300年的历史，清代这里曾是康熙皇帝为四子胤禛（后来的雍正皇帝）改建的府邸，称"贝勒府"，胤禛被封为和硕雍亲王后，改称"雍亲王府"，后来乾隆皇帝也诞生于此。胤禛继位后，将这里改为行宫，称为"雍和宫"，此名沿用至今。

雍和宫大殿

大殿是雍和宫的主体建筑物，原名银安殿，是当时雍亲王接见文武官员的场所。大殿内供奉着三世佛像，分别是现在佛释迦牟尼、过去佛燃灯佛、未来佛弥勒佛。十八罗汉位于殿内东西两侧。1744年，雍正皇帝将印刷《古今图书集成》的百万铜活字销毁熔掉，铸成了大殿内的三世佛。

木塔代表——应县木塔

应县木塔是辽代木构佛塔，又称"佛宫寺释迦塔"，位于山西应县城内。应县木塔与意大利比萨斜塔、巴黎埃菲尔铁塔并称"世界三大奇塔"。

木塔位于佛宫寺的中轴线中部。塔的平面是八角形，塔身外观是五层六檐。塔的内外两道八角形木结构框架用大梁和斗拱相互拉结。全塔未用一个铁架，全靠斗拱梁架把所有木构件结合成完整稳固的整体，是中国建筑史上的一大奇迹。塔顶为八角攒尖式，立有铁刹，仰莲、复钵、相轮、火焰、仰月、宝瓶、宝珠等组成刹柱，显得雄伟壮观。应县木塔是世界上现存最高的古代木构建筑，也是建筑史上高层木构建筑的划时代代表作，具有极高的历史和文化价值。

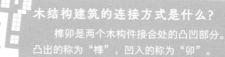

木结构建筑的连接方式是什么？

榫卯是两个木构件接合处的凸凹部分。凸出的称为"榫"，凹入的称为"卯"。

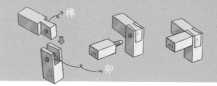

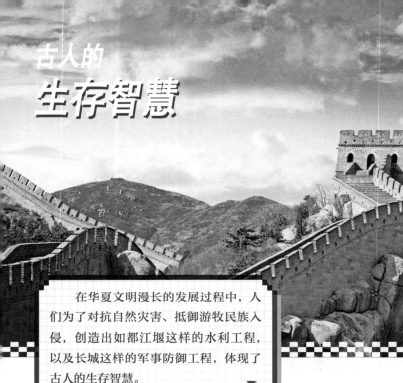

古人的 生存智慧

在华夏文明漫长的发展过程中，人们为了对抗自然灾害、抵御游牧民族入侵，创造出如都江堰这样的水利工程，以及长城这样的军事防御工程，体现了古人的生存智慧。▼

万里防线——长城

"不到长城非好汉"这一句通俗易懂、略显霸气的语句，生动阐述了长城在中国乃至全世界的影响力。国内外游客无不慕名而来，外国政要访华也常登长城，叹服其壮美。长城，作为古代军事防御工程，在一定意义上已经成了中华民族的象征。

长城，是中国人的图腾。战国时，秦、赵、燕三国都和中国北方强大的游牧民族匈奴毗邻。为了抵御匈奴的入侵，三国各自在北方修筑了长城，派军队驻守。

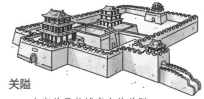

关隘

山海关是长城有名的关隘。

公元前221年，统一全国后的秦始皇为防备匈奴，派大将蒙恬修筑长城，把原属秦、赵、燕的长城连接起来，并加以扩建，建成了一条西起陇西郡、东至辽东的雄伟长城，史称"万里长城"。秦朝以后，汉、北魏、北齐、北周、隋、辽、金、明等多个王朝，又先后修筑或增筑长城。公元前2世纪，汉武帝把秦时沿黄河的长城加以修缮，这段长城被称为"河西长城"。

长城是怎样建成的？

用于修建秦长城的主要材料是土和石头，后来人们逐渐用砖头取代了土石。

修筑长城步骤复杂，每一块砖石都耗费了人们的大量心血。

用大量的砖石砌起城墙。

在城墙上架起木结构，筑起城楼。

南北"动脉"——京杭运河

京杭运河全长1747千米，北起北京，南至杭州，途经今天津、河北、山东及江苏，贯通海河、黄河、淮河、长江、钱塘江五大水系。京杭运河有七大分段，分别是：通惠河、北运河、南运河、鲁运河、中运河、里运河、江南运河。

京杭运河是连通北京和杭州的人工河道，是世界上里程最长、工程最大的古代运河，与长城、坎儿井并称为"中国古代的三项伟大工程"。京杭运河的长度约是苏伊士运河的10倍，巴拿马运河的22倍。大运河连接了华北地区丰富的农田资源和江南地区繁盛的商业城市，使得粮食和货物能够便捷地进行运输和贸易。大运河的开凿对中国南北地区之间的经济文化交流以及沿河经济的发展起了巨大的作用。

游学百科

大运河的修建伊始

相传，吴王夫差和其他国家为了军事需求挖了几段河渠。后来隋炀帝下令将这些零散的河渠连接起来，成为京杭运河的前身。

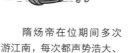

隋炀帝在位期间多次游江南，每次都声势浩大、劳民伤财。

大运河使南北贸易更方便，丝绸、香料等商品流通更广泛。

绿洲之源——坎儿井

在吐鲁番的戈壁滩上，有一种特殊的井——坎儿井。"坎儿"是维吾尔语"井穴"的意思。坎儿井是一种维系绿洲生存的特殊灌溉系统，也是一种独特的地下水利工程。坎儿井由竖井、地下暗渠两部分组成，这种地下水利工程，至今仍有很强的生命力。

坎儿井由地下暗渠输水，可减少水分蒸发，水温水量稳定，水质也不受污染，同时渠道水顺地形流淌，可以常年自流灌溉。这种独特的工程，浇灌滋润了吐鲁番的大地，使戈壁变成绿洲。

坎儿井的特点是能够有效地储存地下水资源，并且可以应对干旱和缺水的气候环境。此外，坎儿井还有利于降低水温，因此也被用于冷藏和储存食物。

在新疆的农村地区，坎儿井是人们生活中重要的水源设施之一。它不仅为居民提供了生活所需的水资源，还成了当地的文化和建筑景观。许多坎儿井都具有独特的装饰和彩绘，展现出浓厚的新疆民俗风情。

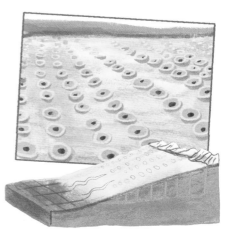

沙漠中的奇怪洞口

从空中俯瞰，坎儿井像是沙漠中的"章鱼吸盘"，这些"吸盘"便是一个个竖井的地表洞口。竖井通过地下暗渠连接成水网，为沙漠供应水源。

2000多年前的一项工程，竟影响了无数后人的生活，真是伟大呀！

深淘滩，低作堰

都江堰的维护主要靠六个字："深淘滩，低作堰"。"深淘滩"就是指每年整修时，河床淘沙要深浅有度，避免造成内涝或进水量不足。"低作堰"是指飞沙堰在修筑时，堰顶应该低一点，以便排洪排沙，减少洪涝带来的灾害。

水利鼻祖——都江堰

建于公元前3世纪的都江堰，是时任蜀郡郡守李冰的杰出功绩。都江堰的建造对于当地农业生产和水资源管理起到了重要作用。它为成都平原提供了丰富的灌溉水源，改善了当地的农田条件，使得该地区成为中国最重要的粮食生产基地之一。

疏而非堵

今天，站在都江堰边，看到江水分流后有序奔涌而进溅出的水花之时，你会咋舌于在2000多年前落后的条件下，人们竟然能修建出这样一处规模巨大的古堰。都江堰一大成功之处就在于采取了因势利导的方法。工匠们在玉垒山山嘴上凿建的人工河道口，如同一个宝瓶，约束了倾泻的洪水，让它通过窄小的瓶口汇聚成细流流出。上游的"鱼嘴""金刚堤"将岷江分为内、外两江，这正是"开源节流"一法的完美体现。

成就天府之国

不论朝代风云如何更替，历朝的统治者都会不断对都江堰进行整治扩修。它让四川平原的百万亩良田得以灌溉，而灌区内的运输也得到了改善。川蜀地区，自那时起直到今日，都坐拥"天府之国"的美名。

都江堰平面图

1. 岷江
2. 二王庙
3. 安澜索桥
4. 内江
5. 外江
6. 人字堤
7. 宝瓶口
8. 玉垒山公园
9. 鱼嘴
10. 金刚堤
11. 飞沙堰

粮运通道——灵渠

公元前221年，秦始皇统一六国之后，又雄心勃勃地对分布于今浙江、福建、广东、广西的百越发动了大规模的军事战争，史称"秦戍五岭"。秦军在各地战场上节节胜利，唯独在两广苦战三年，毫无建树，原来是五岭阻碍了交通，使军需运输极为不便，严重影响了战势的进展。为了解决运粮等供给问题，秦始皇命令史禄主持劈山凿渠。通过精确计算，史禄在兴安开凿了灵渠。

灵渠建成后，奇迹般地把湘江和漓江沟通连接了起来，使援兵和补给物资源源不断地运往前线，最终将岭南广大地区正式划入了秦王朝的版图。灵渠的开凿沟通了长江水系和珠江水系，促进了汉民族与岭南各少数民族的经济、政治、文化交流，起到了无法估量的巨大作用。

灵渠两岸风光

灵渠两岸桃红柳绿，风景秀美。铧嘴上有分水亭，内竖明万历十七年（1589）梁梦雷所题"伏波遗迹"碑和清乾隆五十六年（1791）查淳所题"湘漓分派"碑。岸边有四贤祠，所祭祀的秦代史禄、汉代马援、唐代李渤和鱼孟威均是历代主持兴修灵渠的官员。此外还有飞来石、三将军墓等许多古迹和题词碑刻。

天下第一桥——赵州桥

赵州桥位于河北赵县的洨河上，是全国重点保护单位。因赵县古为赵州，故称"赵州桥"，又称"安济桥"。隋大业年间，由著名工匠李春等人设计建造，为敞肩式单孔并列券石拱桥，全长50.83米，桥面宽9米，主拱净跨37.02米，拱矢高7.23米。

赵州桥主拱采用"切弧"原理，既扩大了通水面积，又降低了桥面坡度。桥体由28道并列拱券砌筑，并用勾石、收分、蜂腰、伏石、腰铁联结加固，提高了整体性。两肩各建两个小拱，加大了泄洪能力，并减轻桥身自重。桥上有44根望柱、42块栏板，上面画饰有龙、兽、花草等图案。该桥设计科学，构造合理，用材

赵州桥设计草图

精良，是世界桥梁史上的创举，历经千余年风雨仍巍然屹立。其造型轻盈美观，历代文人喻之为"新月""玉环""长虹""苍龙"。如今，赵州桥吸引着众多国内外游客前来观赏和学习。

赵州桥拱券

赵州桥是世界现存跨度最大的空腹式单孔圆弧石拱桥。建桥时先砌中间的拱券，再砌两边的，每道拱券宽约35厘米。

桥上精细的雕饰。

静守千年的
陵寝地宫

古代帝王死后，为展示其生前的权力和地位，往往会建设复杂而庞大的陵寝地宫。如今陵墓已成为重要的历史和文化遗迹，对我们了解古代社会和宗教信仰有重要的价值。

楚地风韵——曾侯乙墓

曾侯乙墓是战国早期曾国君主乙之墓，位于湖北省随州市西郊的擂鼓墩。该墓出土的曾侯乙编钟是目前所出土的保存最完好、铸造最精美的一套编钟。编钟是中国古代大型打击乐器，兴起于西周，盛于春秋战国直至秦汉。中国是最早制造和使用乐钟的国家，曾侯乙墓的编钟音律准确，每个钟都能敲出两个音。

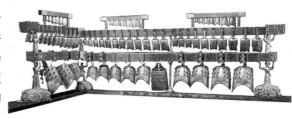

帝王陵群——明十三陵

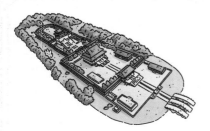

明十三陵位于北京八达岭，是明代十三位皇帝的陵园。陵区是三面环山、南面平坦的马蹄形盆地。首先建造的是明成祖永乐帝朱棣的长陵，最后建造的是明思宗崇祯帝朱由检的思陵。长陵建于陵区中央，东侧为景陵、永陵、德陵，西侧为献陵、庆陵、裕陵、茂陵、泰陵、康陵，西南为定陵、昭陵、思陵。各陵共用一条总神道，正对长陵。南端有一汉白玉石牌坊，是中国现存最大的古石坊。定陵是十三陵中唯一被发掘的。

东方金字塔——西夏王陵

西夏王朝的皇家陵寝，是中国现存规模最大、地面遗址最完整的帝王陵园之一。初建时每个陵园均有地下陵寝、墓室、地面建筑和园林，形制与布局大体相同。西夏王陵内存有帝陵九座，分别为裕陵、嘉陵、泰陵、安陵、献陵、显陵、寿陵、庄陵、康陵。陵墓坐北朝南，平地起建。从其布局上可见，西夏王陵不仅吸收了秦汉以来特别是唐宋皇陵之所长，又受到佛教建筑的影响，构成了中国陵园建筑中别具一格的形式。

《金光明最胜王经》（局部）

西夏文是记录西夏党项族语言的文字，属表意体系。西夏文创制后，被尊为西夏国字，李元昊下令推行，应用范围很广。西夏灭亡后，西夏文仍继续使用了至少四五百年。随着党项族逐渐融合于其他民族，西夏文也逐渐成为无人可识的文字。

名扬四海的陵墓——秦始皇陵

秦始皇陵位于陕西西安，是世界上规模最大、内涵最丰富的帝王陵墓。据司马迁在《史记》中的记载，秦始皇陵以水银为江河大海，"奇器珍怪徙藏满之"。但由于目前尚未对秦始皇陵进行大规模发掘，所以无法验证此事是真是假。就已发掘的部分来说，饲养马的葬仪坑、埋有珍禽异兽的瓦棺葬、陪葬墓和陪葬坑等，已足够带给世人强烈的震撼。秦始皇陵体现了2000多年前中国古代劳动人民的艺术才能，是中华民族的骄傲和宝贵财富。

> **游学百科**
>
> **威震四方的地下军团**　兵马俑是古代殉葬品的一个类别，包括战车、战马、士兵等。陶俑身材高大、形态各异、表情逼真，由此可以看出当时秦国军队的威武强大和秦代雕塑艺术水平的高超。

铜车马　　武士俑　　骑兵俑　　跪射俑　　立射俑　　军吏俑

明清皇家第一陵——明孝陵

明孝陵是明太祖朱元璋与皇后马氏的合葬陵墓，是南京最大的帝王陵墓，被誉为"中国明陵之首""明清皇家第一陵"。明孝陵代表着明代初期皇家建筑的艺术成就，可以说是中国陵墓建筑和陵墓文化的缩影。十几位明代开国功臣的陵墓，在紫金山之阴呈拱形排列护卫着主陵。明孝陵不但继承了唐宋及前代帝王陵"依山为陵"的制度，又通过改方坟为圆丘，开创了古代陵寝建筑"前方后圆"的基本格局。

石象路是明孝陵神道的第一段，沿途依次排列六种石兽。

俑殉是何时出现的？

1. 史前时期

　　人殉现象已成习俗，多为妻妾殉夫或幼童殉葬，人殉进入发展期。

2. 殷商时期

　　整个殷代疆域基本都发现了人殉的痕迹，人殉进入高峰期。

3. 西周时期

　　民本思想的出现导致人殉习俗衰落，同时俑殉习俗开始萌芽。

4. 春秋战国时期

　　礼崩乐坏，人殉习俗回潮，与俑殉习俗并存。

5. 秦汉时期

　　人殉习俗被俑殉习俗代替，俑殉数量达到历史高峰。

俑殉比起活人陪葬已经进步了！

李斯

探索华夏文明的 史前城址

遗址是古人生活过的村落或城镇，记录了当时人类的活动和文化。我们可以透过遗址了解当时的社会制度、生活方式，与古人完成一场跨越时空的对话。

"中华第一城"——良渚古城遗址

良渚文化在农业、纺织、制玉和制陶等方面都很有成就，是史前时期中国南方文化的主流。这一时期的石器农具磨制已非常精细，农作物品种很多。在纺织方面，良渚文化开辟了家蚕饲养和丝织品生产的新领域，养蚕和织丝开始成为人们的主要经济活动。

良渚文化的陶器有泥质灰胎磨光黑皮陶、黑陶和夹砂灰陶等，普遍采用轮制，造型规整。一般器壁较薄，器表以素面磨光的为多，少数有精细的刻画花纹和镂孔。良渚玉器也很有特色，数量之多、工艺之精，为中国新石器时代其他文化所罕见。

良渚遗址中发现的玉琮和玉蝉都是中国早期玉器中的珍品，是财富和权力的象征。其中玉琮最具特色，数量格外多，但结构基本相同，上面刻有构图相同的神秘兽面纹，是宗教祭祀活动的一种礼器。

良渚人如何治理水患？

为了治水，良渚人设计并修建了庞大的水利系统，是迄今所知最早的水坝。

除此之外，良渚人还铺了密密麻麻的石块作为城墙的地基，能避免地下水渗透上来。

玉琮
玉琮是一种外方内圆的粗管型玉器。

玉钺
玉钺象征着军事指挥权。

玉璧
玉璧是良渚玉器的典型代表。

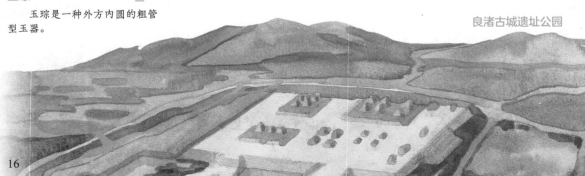

良渚古城遗址公园

再看沧海桑田——河姆渡遗址

河姆渡文化是中国长江下游地区古老而灿烂的新石器文化，因首先发现于浙江余姚河姆渡而命名，主要分布在杭州湾南岸的宁绍平原及舟山群岛。放射性碳同位素断代测定其年代为公元前5000年—前3300年，是中国已发现的最早的新石器时期文化遗址之一。

河姆渡文化的骨器制作比较发达，有耜、镞、鱼镖、哨、锥、匕、锯形器等器物，磨制精细，一些有柄骨匕、骨笄上雕刻图案花纹或双头连体鸟纹，堪称精美绝伦的实用工艺品。河姆渡文化的农业以水稻种植为主，在其遗址第四层较大范围内，普遍发现稻谷遗存。有的成熟聚落已经开始圈养家畜，证明当时的河姆渡社会已经发展到较为文明的程度。河姆渡文化的主要建筑形式是高于地面的干栏式建筑，这样的房屋透风、防潮，还可以避免虫蛇侵扰。

游学百科

河姆渡出土器物一览

在河姆渡遗址的出土器物中，可以看到各种以骨、玉、石、陶为材料制成的工具、佩饰、乐器等。它们制作精美，是优秀的工艺品，也反映出当时崇拜日神的原始信仰。

骨耜

耜是古人用来翻地的农具。这件骨耜是用动物的肩胛骨制成的，比石器轻便灵巧。

猪纹陶钵

猪纹陶钵上的猪图案，反映了古人把野猪驯化为家畜的过程。

双鸟朝阳纹象牙蝶形器

象牙蝶形器正面中心圆纹的左右两侧各刻有一只鸟形图案，因此被定名为"双鸟朝阳"。

凤鸟纹匕形器

匕是古代的一种取食器具，形状像羹匙。匕形器外观上与匕相似，却不是匕，所以叫匕形器。

河姆渡遗址博物馆

河姆渡遗址博物馆由文物陈列馆和遗址展示区两部分组成，其中文物陈列馆介绍了遗址的基本情况，反映了稻作农业和渔猎采集活动，展示了河姆渡人的定居生活和原始艺术。

河姆渡文化的代表性特点是什么？

河姆渡遗址出土的稻谷和谷壳，数量之多、保存之完好，在中国新石器时代考古史上极为罕见，填补了新石器时代"有粳无籼"的空白，具有重要意义。

干栏式建筑是中国长江以南新石器时代以来的重要建筑形式之一，目前以河姆渡发现的为最早，与北方地区同时期的半地穴式房屋有着明显区别。

彩陶部落——半坡遗址

仰韶文化发源于黄河中游，西安半坡遗址是仰韶文化的早期遗存代表，年代为公元前4800年—前4200年。现发现40余座建筑遗址，其中有大量坑穴和儿童瓮棺葬。瓮棺葬，即以钵、盆类陶器与瓮罐相扣合盛放孩童尸骨。瓮棺器底部往往留一孔，可能是当时人们认为的灵魂出入口。

半坡遗址生产以农业为主，考古工作者在这里发现了粟的遗存。饲养的主要家畜是猪、狗、鸡和牛。渔猎仍占重要地位，出土许多石镞、骨镞、骨鱼钩、石网坠等渔猎工具。

半坡遗址的工具用石、骨、角、陶制成，有开垦耕地、砍劈用的石斧、石锛、石铲；收割禾穗用的石刀、陶刀；加工谷物用的石碾、石磨盘、石磨棒等。常见陶器有罐、钵和小口尖底瓶。

半坡遗址的发现和发掘，为原始社会的婚姻、生产、生活习俗的研究提供了宝贵资料。

蚌刀

以蚌壳制成的蚌刀，用于渔猎。

人面鱼纹彩陶盆

底部略平，腹部突出，内壁绘有对称的人面纹和鱼纹。此盆的出土，说明当时的制陶技术已经达到了相当高的水平，也反映了原始人民丰富的想象力和高超的绘画艺术水平。

骨鱼钩

与如今的金属鱼钩除材质不同外，并无二样。

玉龙之乡——红山文化遗址

红山文化因内蒙古自治区赤峰市红山后遗址的发掘而得名，主要分布在内蒙古东南部、辽宁西部、河北东北部地区。年代约为公元前4700年—前2900年。红山文化在中国文明起源中起过重要作用。

曾经的母系氏族社会

红山文化的初期社会形态是母系氏族社会，主要由女性血缘群体为纽带形成部落集团，晚期逐渐向父系氏族过渡。

红山文化的陶器有泥质陶和夹砂陶两种。泥质陶多为红色。器形有盆、钵、罐、瓮等。该文化的某些陶器的器形及彩绘条纹与仰韶文化出土物相似，说明二者有一定的联系。

红山文化的经济生活以农业为主，兼有畜牧渔猎。生产工具多为以磨制为主的石器。细石器是红山文化的又一特征，其质料有燧石、碧玉、玛瑙、水晶等。红山文化发现的动物骨骼不多，其种类有牛、羊、猪等家畜及鹿、獐等。这些考古发现对探讨中国早期文明很有意义。

游学百科

红山文化的玉器

红山文化的特色是玉器种类繁多，涉及生活的方方面面；装饰性的玉器制作水准非常高，比如可以绑在手臂上的玉臂饰。臂饰是古人狩猎时的一种保护性饰物，后来随着制作工艺的进步，造型愈加精美，逐渐演化为首饰的一种。

玉兽面纹梳

玉神人像

玉龙形玦

文明的融合——三星堆遗址

三星堆属于古蜀国文明，它的年代大致相当于商代后期，是中国新石器时代末期至商代的大型遗址。与中原文明出土的国宝不同，三星堆出土的国宝充满奇异神秘的色彩，是古蜀文明、中原文明和长江中下游文明相互融合的产物。

1929年在四川省广汉市三星堆，当地农民偶然发现了一坑玉器，从此揭开了三星堆古蜀文化的神秘面纱。直到现在，考古发掘工作仍未结束。在出土的文物中，除了大量玉器之外，还有庞大的城墙遗址、房屋遗址以及精美的金器和数量惊人的青铜制品。专家发现此地出土的青铜制品有别于当时中原地区的青铜制品，具有独特的造型和风格，而且青铜铸造工艺也达到了很高的水平。三星堆古文化、古城、古国的发现，完全证实了鱼凫族的存在，并为寻找蚕丛氏和柏灌氏的存在提供了一些线索，对研究古蜀文化的发展史也具有重要意义。

 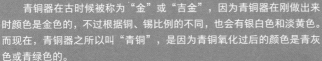

青铜器原本是什么颜色？

青铜器在古时候被称为"金"或"吉金"，因为青铜器在刚做出来时颜色是金色的，不过根据铜、锡比例的不同，也会有银白色和淡黄色。而现在，青铜器之所以叫"青铜"，是因为青铜氧化过后的颜色是青灰色或青绿色的。

青铜纵目面具

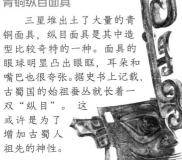

三星堆出土了大量的青铜面具，纵目面具是其中造型比较奇特的一种。面具的眼球明显凸出眼眶，耳朵和嘴巴也很夸张。据史书上记载，古蜀国的始祖蚕丛就长着一双"纵目"。这或许是为了增加古蜀人祖先的神性。

青铜太阳形器

器物为圆形，正中央凸起，周围的五芒呈放射状，芒条与外圈相连接。这种形状的器物之前没有见过，根据同坑出土的铜神殿屋盖上的"太阳芒纹"推测，它可能是当时古蜀人民"太阳崇拜"的一种表现。

青铜神树

神树由底座、树身和龙三部分组成，是中国目前发现的最大的一件青铜文物。这棵神树高3.96米，比一层楼房还要高。树干有3层树枝，每层有3个枝杈。全树共有9只神鸟，27枚果实。

博物馆里的文化瑰宝

文物是具有历史、艺术、科学价值的遗物和遗迹，是人类宝贵的历史文化遗产。这些国宝级文物是中华文明的见证者和传递者。

①

匈奴王金冠

目前中国发现的唯一的匈奴贵族金冠饰。

金冠有"草原瑰宝"的美称，也代表了战国时期北方民族贵金属工艺的最高水平，体现了少数民族与中原的文化交流。

③

马头鹿角金步摇

步摇是固定发髻的饰物，多用金玉打造，下面挂有垂珠，因"步则动摇"而得名。

正如《长恨歌》所说，"云鬓花颜金步摇"，中原步摇多为凤鸟、花枝等造型，而南北朝时期，鲜卑族步摇则有独特的马、鹿等造型。

②

点翠嵌珠石金龙凤冠

凤冠是皇后在祭祀、朝会等场合戴的礼帽。

冠顶以及两侧共有三龙装饰。三龙之前，中层为三只翠凤。端庄大气，突显了其主人的地位。

翠蓝色飞凤一对。凤形均作展翅飞翔之状，口中所衔珠宝滴稍短。色彩艳丽，艺术价值高。

④

中华文明经过了五千余年的变迁，始终一脉相承，代表着中华民族独特的精神标识，为中华民族生生不息、发展壮大提供了丰富的养料。

西周时期，玉组佩是区分人的身份等级的重要标志，级别越高的人，玉组佩越长。

晋侯夫人玉组佩

组佩又叫杂佩，由两块及以上的玉组合而成。

快看细节图！

明清时期有留指甲的风尚，养尊处优的贵族女性特别重视对指甲的保护。清代后妃的指甲套造型繁复精美，材质有金银、玳瑁、珐琅等。佩戴护甲（即指甲套）时，最多只戴四指。慈禧太后就酷爱指甲套，堪称清代的"美甲达人"。

5

镂空点翠镶珠冰梅纹指甲套

6

明黄缎绣云龙纹吉服袍

龙是皇帝的象征，在古代民间，人们把皇帝称作"真龙天子"。在很多电视剧中，皇帝一般都穿龙袍，但以清朝为例，龙袍只是皇帝吉服的一种。唐高祖武德年间，下令臣民不得穿黄色，于是黄色袍服成为皇室专用服饰，历代沿袭。

7

青海乐都柳湾彩陶靴

中国发现的最古老、最成熟的靴子造型。它是夹砂红陶质地的，上面有回纹、三角纹等纹饰。有趣的是，这只靴子不分左右脚。很有可能是因为，两只脚调换着穿可以减少对固定部位的磨损，延长靴子的使用寿命。

8

"五星出东方利中国"锦护臂

这是一组写实的小型彩绘泥俑。四名女仆正在厨房忙碌，有的磨粉，有的做饼。虽然这组泥俑形制较小，人物也只是粗具轮廓，但动作传神生动，仿佛正在享受劳动的快乐。它是吐鲁番出土的唐代泥俑的代表，是研究古代新疆社会生活和饮食文化的实物资料。

西汉宣帝时期，为平息叛乱，宣帝派老将赵充国领兵出征。有一天，宣帝听到星象观测结果后认为到了出征的时机，便给赵充国写了一封信："今五星出东方，中国大利……"赵充国出征果然大获全胜。后来，这句话就被织在蜀锦制成的护臂上。

9

彩绘劳作泥女俑

宛若天开的山水画卷

第二章

王公贵族的
园游之乐

> 中国已有 3000 多年的皇家造园史。保留下来的圆明园、颐和园等，是我们了解皇家园林的最好地方，让我们一起去感受当年王公贵族的园游之乐吧！

皇家园林博物馆——颐和园

颐和园位于北京市的海淀区，这片土地自古以来就集帝王将相万千宠爱于一身。1764 年，颐和园的前身——清漪园完工，最初只是帝后宫妃们休闲避暑的场所。雍正帝继位后，长期居住在西郊园林中，连同政务、读书、游乐一并在此进行，这里逐渐成了政治和娱乐的双重中心。1888 年，清漪园改名为颐和园。

皇家颐养之地

"颐和"的本意源自"颐养太和"。1860 年，清漪园在第二次鸦片战争中被英法联军烧毁。1886 年，清政府挪用海军经费对其进行重修，并改名为"颐和园"，作为慈禧太后晚年的颐养之地。除了紫禁城，这里是晚清统治者最重要的政治和外交活动中心，更是中国近代史的重要见证，是迄今为止保存最为完整的皇家行宫御苑。颐和园集万家之大成，无愧于其"皇家园林博物馆"的美名。

颐和园"画中游"

　　"画中游"是颐和园中一组极具特色的建筑群。它们依万寿山而建，正面是一座两层的楼阁，左右有名为"爱山""借秋"的两座楼。阁后立有一座石牌坊，牌坊后边是"澄晖阁"。建筑之间建有爬山廊。由于地处半山腰，加之建筑形式丰富多彩，所以远远望去，像是一幅中国山水画。

长廊彩画

　　728米的长廊中，廊间每根枋梁上都绘有彩画，共上万幅，画中描绘了传统故事、山水风景、花鸟鱼虫，色彩鲜明，富丽堂皇。漫步长廊，抬头便能看到精美的图画，赏心悦目。

十七孔桥

　　十七孔桥是中国皇家园林中现存最长的桥，全长150米。桥栏望柱上雕刻着造型各异的石狮子。

漫步"园中之园"

　　规模宏大是颐和园的一大特色。颐和园占地面积2.97平方千米，主要由万寿山和昆明湖两部分组成，其中昆明湖不仅风景秀丽，还是北京重要的调蓄水库，占颐和园面积的四分之三。万寿山以佛香阁为中心，共有景点建筑百余座，院落20余处。长廊、清晏舫、苏州街、十七孔桥、谐趣园、佛香阁、大戏台等，都是游客游览时常看的景点。漫步园中，步移景异，十分有趣。

　　佛香阁作为颐和园的中心建筑，位于万寿山南坡，高41米，是一座八面三层四重檐的建筑，屋顶为八角攒尖顶，铺黄色琉璃瓦，结构复杂却又异常精细。佛香阁不仅是颐和园的标志性建筑，其精美的造型、雄浑的气势，也成为中国传统建筑的优秀代表作。登上佛香阁，可俯瞰方圆数里的景色。佛香阁以其庄重的姿态奠定了园内建筑的基调，凸显出昆明湖的广阔、万寿山的雄伟，以及皇家园林的气派。

清晏舫

　　清晏舫是颐和园唯一带有西洋风格的建筑，其名寓"河清海晏"之意，是园中备受瞩目的景观之一。清晏舫原本是明代圆静寺的放生台，在乾隆时期被改造成船形建筑。

被毁前复原图

中西合璧——圆明园

圆明园位于北京市清华西路，明代曾是皇家园林。圆明园始建于清康熙四十八年（1709），是皇四子胤禛（后为雍正帝）的赐园，乾隆、嘉庆、道光、咸丰时期都曾重修扩建，前后历时约150年。圆明园是我国大型皇家园林的代表之一。

圆明三园的平面布局为倒"品"字形，长春园、圆明园东西并列，绮春园在南，中心为福海。

圆明园建筑面积超过故宫，楼台殿阁、亭榭馆等园林建筑有140余处。园内拓湖垒山，广植花木，共有景点百余处。园中景点设计多取自神话传说中的仙境、历代名画中的意境、江南名园中的胜景。在长春园北还建有一组富丽豪华的欧洲古典宫苑，俗称"西洋楼"。圆明园是举世罕见的园林建筑群，西方人誉之为"万园之园"。

游学百科

西洋画师郎世宁

郎世宁是意大利人，康熙五十四年（1715），28岁的郎世宁以传教士的身份来到中国，供职于皇家画院如意馆。如意馆有两处，其中一处便在圆明园。雍正时期扩建圆明园，圆明园内留下了郎世宁的大量画作。直到乾隆时期，郎世宁仍受到重用。乾隆三十一年（1766），在中国生活了50余年的郎世宁去世，乾隆皇帝亲自为其撰写墓志铭以示怀念。

圆明三园

历史上的圆明园是长春园、绮春园、圆明园的统称，其中圆明园最大，故称"圆明三园"。

关外皇家建筑群——沈阳故宫

大政殿

十王亭

沈阳故宫位于辽宁，建于后金天命十年（1625），是清代努尔哈赤和皇太极两朝的宫殿。一朝发祥地，两代帝王都，在清军入关定都北京之后，沈阳（奉天）成为留都。1926年，在皇宫建筑群的基础上建成了今天的沈阳故宫博物院。

沈阳故宫最有特色的建筑是大政殿和十王亭。大政殿是重檐八角攒尖顶，也叫"八角殿"。屋顶铺黄色琉璃瓦，建筑风格富丽堂皇，威严庄重。大政殿前的道路两侧排列有十座歇山顶小殿，即十王亭。紧挨大政殿的两座小殿为左右翼王亭，其余八座小殿代表了八旗制度，东侧五亭由北往南依次为左翼王亭、镶黄旗亭、正白旗亭、镶白旗亭、正蓝旗亭；西侧五亭由北往南依次为右翼王亭、正黄旗亭、正红旗亭、镶红旗亭、镶蓝旗亭。

在沈阳故宫，可以看到清军入关前的建筑在主次等级上差别不大，整体风格也较为浑朴粗放，保持了地方和民族特色，是名副其实的"关外皇家建筑群"。

夏日凉宫——承德避暑山庄

承德避暑山庄位于河北承德。相传当年康熙北巡，发现承德的地势较好，风景秀美，于是选定在这里建行宫。从康熙到雍正，从雍正到乾隆，耗时近90年，行宫终于竣工。康熙、乾隆二帝曾在这里题有72景。

避暑山庄内建筑物共有百余处，按"前宫后院"规制，分为宫殿区和苑景区两大部分。宫殿区集中在东南部，有正宫、松鹤斋、东宫和万壑松风四组建筑，是皇帝处理政务及寝居之处，布局规整对称，朴素淡雅，但又不失皇家气派。苑景区又可分为湖区、山区和平原区。湖区位于山庄东南部，由上湖、下湖、镜湖、澄湖、如意湖等湖泊组成，亭榭掩映，一派江南风光。平原区在湖区以北，主要景点为万树园和试马埭，一派北国草原景象。山区在山庄的西部和北部，宛如屏障，峰峦叠嶂，林壑幽静。避暑山庄充分利用自然地势，是皇家园林的典范之一。

文园狮子林

文园狮子林的原型是苏州狮子林，园中奇石林立。

普陀宗乘之庙

外八庙中规模最大的一座庙宇，外观与拉萨的布达拉宫相似。

咫尺山林探江南

江南私家园林多由文人或富商营造，独具地方风韵，以咫尺山林和方寸天地的艺术效果，吸引人们前来游玩。▼

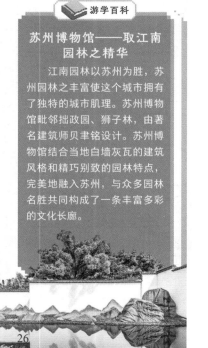

游学百科

苏州博物馆——取江南园林之精华

江南园林以苏州为胜，苏州园林之丰富使这个城市拥有了独特的城市肌理。苏州博物馆毗邻拙政园、狮子林，由著名建筑师贝聿铭设计。苏州博物馆结合当地白墙灰瓦的建筑风格和精巧别致的园林特点，完美地融入苏州，与众多园林名胜共同构成了一条丰富多彩的文化长廊。

私家园林之首——拙政园

拙政园分为三个部分：东部，曾取名为"归田园居"，以田园风光为主；中部，也称为"复园"，池岛假山是其精华所在；西部，也称为"补园"，园内建筑物大都建成于清代，其建筑风格明显别于东部和中部。与北方皇家园林不同，拙政园没有明显的中轴线，没有传统的对称布局，大都是因地制宜，错落有致，疏朗开阔，近乎自然，这也是江南园林的特点。

踩着曲调向扇面亭走去，"与谁同坐？"苏轼说，"明月，清风，我。"水中明月，拂面清风，都是大自然的馈赠，取之不尽、用之不竭，众人皆可同赏。

尺幅千里——环秀山庄

环秀山庄，是唐末五代吴越钱氏"金谷园"旧址，它面积虽小，但气势非凡，以山为主，池水辅之，突显园林建筑雄奇、幽远、秀美的特点，被列入《世界文化遗产名录》。环秀山庄以假山著称，形态逼真，立意奇巧。园内假山峻峭挺拔，悬崖中空，辟有60余米的山径，曲折蜿蜒，山下有一池清水，回绕其间。园内还有"补秋舫""半潭秋水"等景观，依山傍水，景色秀丽。

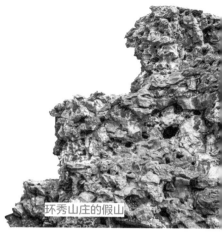
环秀山庄的假山

步移景异——狮子林

1341年，天如禅师独身一人来到苏州讲经，获得众人尊崇，弟子们为其建造了一座禅寺，以苏州人特有的园林天赋，将寺庙打造成有水、有木、有假山的"狮子林"。取名狮子，主要取意佛经，佛法中将佛讲经喻为狮子吼；文殊菩萨也有青狮为坐骑，都说狮子凶猛桀骜，但也在无边佛法中收起了烈性。狮子林里有许多像狮子的怪石，以各种形态居于林中成千上万的竹子之下。明明是喧嚣尘世，置身园林却清净安宁，园林主人几百年前便开始向后人传递一个真理：万事万物，勿忘心安。

仔细瞅瞅，到底哪个像狮子呢？

城市山林——沧浪亭

沧浪亭，由苏舜钦于北宋时期建造，原是五代十国吴越国广陵王钱元璙的花园。沧浪亭疏朗开放，与周围景致连为一体。整个园子的造园风格独树一帜，以假山为中心，重岩复岭，翠竹丛生，巧妙地将园内、园外的远山近水融为一体，可以两面观景。水绕园而过，山隔河相望；沧浪亭立于山顶，掩映于古林怪石之间。苏舜钦有感于《沧浪歌》中"沧浪之水清兮，可以濯吾缨"之句，故为该园题名为沧浪亭。

吴下名园——留园

留园是明嘉靖时太仆寺卿徐泰时所建，时称"东园"，清朝时刘恕改建称为"寒碧山庄"，也称"刘园"。太平天国时期，苏州园林大多毁于兵燹，但此园独存。留园大致分为四个部分：中区（旧寒碧山庄）、东区、北区、西区。

中区中部有湖，被曲桥和小蓬莱岛划分为了东西两部分。东区以曲院回廊最为精彩，中部有鸳鸯厅，北面是浣云沼水池，后面有三座石峰。北区建筑已经全部被毁，现种有竹、李，并辟有盆景园，幽静古朴。西区是全园最高处，有两座小亭子，可以遥望虎丘、天平、上方等山。

游学百科

苏州园林中的洞门

苏州园林里有很多造型优美的洞门，最常见的洞门是圆形的，此外还有葫芦形、梅花形、花瓶形等。不同形状的洞门与园内的景色构成了各种美妙的风景画。

东南名园之冠——上海豫园

豫园位于上海老城厢东北部，和老城隍庙相连，是上海最让人流连忘返的地方之一。这是老城厢仅存的一座明代园林，园内楼阁参差、山石峥嵘、湖光潋滟、秀美无双，被誉为"奇秀甲江南"。

豫园刚建成时约5万平方米，后来几废几兴，目前整修后仅剩不到一半，但仍然可以体现出江南园林精巧布局、清幽秀丽、小中见大的特点。园中有三穗堂、万花楼、点春堂、玉华堂等景区。漫步豫园，眺目远望是园外的高楼大厦，而眼前近处是园内的亭台繁花，不由感叹：不愧是"东南名园之冠"！

豫园与城隍庙毗邻。

住宅园林佳作——艺圃

艺圃前身是明代袁祖庚所建的醉颖堂。袁祖庚被罢官后在苏州择地建造宅园，悬匾额"城市山林"，在艺圃过上了隐士生活。

艺圃总占地面积约为3300平方米，住宅占了大半。艺圃保存了明代园林的风格、布局和造园手法，以简练疏朗、自然质朴取胜，构筑精巧，园景幽致，可以说是明代住宅园林中的佳作，且为文震孟等名人故居所在，具有较高的历史价值和艺术价值。

艺圃中池水、石径、绝壁相结合的设计手法，取法自然又力求超越自然，从亭台开间到一石一木的细部处理无不透露出古朴典雅的风格特征，这是明末清初苏州一带造园家常用的叠山理水方式。艺圃西南角布置数座小庭园以为辅景，造园者根据小园的特点，营造出一方山色空蒙、水波浩渺、林泉深邃的园林艺术景观，以取得"纳千顷之汪洋，收四时之烂漫"的效果。

情寄山水——寄畅园

寄畅园在江苏省无锡市西郊惠山东麓，元时为僧舍，明正德年间扩建成园，为兵部尚书秦金别墅。原称"凤谷行窝"，后借王羲之"寄畅山水阴"诗意改今名。太平天国战争中该园被毁，清末重建。全园大体分东、西两部分：东部是一南北狭长的水池，名"锦汇漪"，池中有九脊飞檐方亭，名"知鱼槛"。西部以假山为主，假山间为山涧，引惠山泉水入园，流水潺潺。登高可眺望锡、惠二山。全园布局得当，艺术手法巧妙，北京颐和园的谐趣园，即仿此园而建。

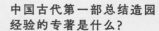

中国古代第一部总结造园经验的专著是什么？

明末计成撰写的《园冶》一书，全面论述了宅园、别墅营建的原理和具体手法，总结了造园经验，是研究中国古代园林的重要著作，其内容主要由《兴造论》和《园说》两篇组成。

《兴造论》指出在设计和建造过程中要"巧于因借，精在体宜"，《园说》把中国古代园林的特征总结为"虽由人作，宛自天开"。全书为后世的造园艺术提供了理论框架，奠定了造园艺术基础。

秀比西湖——瘦西湖

瘦西湖位于江苏扬州，是扬州景色的代表。瘦西湖景色宜人，融南秀北雄于一体，其基本格局在清康熙时期就已大致形成，那时便有"园林之盛，甲于天下"的美誉。瘦西湖的园林胜景随处可见，正所谓"两岸花柳全依水，一路楼台直到山"。碧绿的湖水两岸窈窕曲折，亭台楼阁如山水画卷一般次第展开。

"垂杨不断接残芜，雁齿虹桥俨画图。也是销金一锅子，故应唤作瘦西湖。"清朝诗人汪沆如是说，瘦西湖也由此得名，蜚声四海。从乾隆御码头开始，沿湖可以看到冶春、红园、钓鱼台、莲性寺、白塔、五亭桥、蜀岗平山堂、观音山等名扬中外的景观。一天里不同的时辰，一年里不同的季节，瘦西湖都能幻化出不同的景色，天然之趣让人回味无穷。这幅画卷里既有自然的厚爱，又有能工巧匠的细心雕琢，最终形成了扬州独特的园林风格。闲时与家人一起泛舟于水上园林，只觉两岸美景纷至沓来，令人心醉神迷。

五亭桥

五亭桥是一座别致的拱形石桥，跨于瘦西湖之上，最早建于1757年，是巡盐御史高恒鼓动盐商为迎接乾隆南巡而集资所建。桥上矗立着五座亭子，以中间一亭为最高，南北各亭互相对称，拱出主亭。

分布在岭南地区的私家园林多受中西方造园风格的影响，具有小巧玲珑、装饰典雅的特点，充满趣味。

园小可人意——可园

可园位于广东省东莞市，是岭南园林的代表之一，保存较为完整，园内建筑多以"可"字命名。可园按照功能和景观，主要划分为三个区：东南区为庭院主入口区，主要功能是接待客人，其建筑包括门厅、擘红小榭、草草草堂、葡萄林堂、听秋居及其骑楼。

西区是主人接待客人、远眺观景的地方，建筑包括双清室、可轩以及后巷的厨房、备餐室等。双清室取自"人境双清"之意，其平面形状、铺地及门窗纹饰均为"亞"字形，四角设门，便于举行宴请活动。可轩位于双清室西侧，可轩上方是庭院最高楼邀山阁。

北区建筑沿可湖而筑，具有游湖观景的功能，园主人卧室以及书房等都在这组建筑中。可堂是全园的主体建筑，临湖设有游廊——博溪渔隐，水面设有与廊相对的可亭，人可以从曲桥上走到可亭。可园以其精巧的园林建筑和深厚的文化底蕴，在岭南园林中独树一帜。

邀山阁

邀山阁即"邀山川入阁"之意，位于可园最高处。建筑共四层，站在顶层可以尽览全园美景。

山水含清晖——清晖园

清晖园位于广东省佛山市，是始建于明代的岭南园林，是"中国十大名园""广东四大名园"之一。清晖园主体建筑有船厅、碧溪草堂、澄漪亭、惜阴书屋、真砚斋、状元堂等，其布局特点是大园包小园。清晖园分为三个区域：由原正门进入的东南角区，中部的旧园区，西北部近年兴建的新园区。区域间虽有分隔，却以游廊、甬道以及各式小门相互勾连，融为一体。以旧园区为例，其西部以方池为中心；中部偏北的船厅等是精华所在；南部的竹苑、小蓬瀛、笔生花馆等组成庭院，形成园中有园，即大园包小园的格局和韵味。

游学百科

岭南传统民居镬耳屋

镬耳屋是岭南传统民居的代表，其外墙壁多印有花鸟、人物图案。

山墙为对称锅耳形，象征古代的官帽，取意前程远大。

砖石墙壁的防火、防热、通风性能良好。

这个山墙像房子的耳朵！

缩龙成寸——余荫山房

余荫山房位于广东省广州市，是清朝举人邬彬为纪念其祖父邬余荫而建的私家花园。它坐北朝南，以廊桥为界，将园子分为东、西两个部分。余荫山房吸收了苏式建筑艺术风格，布局灵巧精致，以"藏而不露"和"缩龙成寸"的手法，在有限的空间里分别建造了深柳堂、卧瓢庐、临池别馆、玲珑水榭、文昌苑、浣红跨绿廊桥等，亭桥楼榭，曲径回栏，荷池石山，名花异卉，一应俱全。同时，余荫山房中还有丰富的砖雕、木雕、灰雕、石雕等雕刻作品，尽显名园古雅之风。

名士文脉地标——梁园

梁园位于广东省佛山市，是佛山松桂里梁氏私家宅园的总称，由当地诗书名家梁蔼如、梁九华、梁九章及梁九图叔侄四人陆续建成。梁园规模在咸丰年间达到鼎盛。梁园主要包括梁蔼如的"无怠懈斋"，梁九章的"寒香馆"，梁九华的"群星草堂"及梁九图的"十二石山斋"和"汾江草庐"等各具特色的园林建筑。园中的秀水、奇石、名帖并称"梁园三宝"。梁园内亭廊桥榭、堂阁楼台式式俱备，体现了园主人对个性和自由人格的追求，大小奇石千姿百态，在岭南园林中独树一帜。

园林差异知多少

北方园林

北方园林多分布在北京、西安、洛阳、开封等地，尤以北京为多。北方园林多服务于帝王皇室，用于休息享乐，因此皇家园林是北方园林的典型代表。

特点：

1. 规模宏大，建筑色彩华丽
2. 中轴对称，多运用对景线
3. 格调凝重严谨

江南园林

江南园林主要分布在苏南、浙江一带，以苏州园林为代表，是供皇家的宗室外戚、文人士大夫、富商休闲的园林。

特点：

1. 规模较小
2. 擅长叠石理水，追求"诗情画意"
3. 花木种类众多，布局有法
4. 建筑风格淡雅朴素

岭南园林

岭南园林主要分布在珠三角地区，是狭义的广府园林，是广府文化的代表之一，多数是富商巨贾的宅园。

特点：

1. 具有热带、亚热带风光
2. 建筑较高而宽敞，前庭后院
3. 精巧秀丽，追求艺术化的园居生活

青灯黄卷
晨钟暮鼓

寺庙大多建于山间，与周围环境共同营造出幽静的园林景致，这是内部氛围与外部环境有机结合的结果，激发游人去探寻幽妙的宗教天地。

静听钟声——寒山寺

寒山寺位于苏州，始建于南朝梁天监年间，原名妙利普明塔院。相传高僧寒山和拾得曾经来此云游，因此得名"寒山寺"。寺院里有藏经楼，楼内有寒拾殿，殿中有寒山和拾得的雕塑，袒胸赤足、憨态可掬。传闻寒山和拾得是文殊、普贤菩萨的化身，是极富传奇色彩的人物，后来演变为象征吉利和谐的和合二仙，受到人们喜爱。

寒山寺最为有名的莫过于唐代诗人张继在这里写下的诗句："姑苏城外寒山寺，夜半钟声到客船。"后来名刹听钟成为寒山寺的一大特色，每逢新年来临之际，慕名前来聆听那108响钟声的人不计其数，寒山寺成为人们寻求内心宁静的地方。

净土宗之源——东林寺

东林寺位于江西庐山，因为在西林寺的东侧，所以叫东林寺。东林寺建于东晋太元九年（384），是江州刺史桓伊为名僧慧远所建。东林寺是中国佛教净土宗的发源地，受到历代文人名士的喜爱。东林寺前有虎溪，溪上有石拱桥，称为"虎溪桥"。过虎溪桥向北一百多米是第二道山门，上有"秀挹庐峰"四个字。寺院东侧还有一株据说是慧远亲自种下的罗汉松。

《虎溪三笑图》（局部）　南宋　佚名

相传慧远和尚在庐山专心修行，很少出门，送客不过虎溪桥。当时他常与隐士陶渊明、道士陆修静谈儒论道。

一次，慧远送二人出门，边谈边走，不觉过了虎溪桥，三人相视大笑。这段文苑佳话，被称为"虎溪三笑"，流传至今。

江南名刹——灵隐寺

灵隐寺位于浙江杭州灵隐山麓，始建于东晋咸和元年（326），距今已有近1700年的历史。灵隐寺藏身于灵峰之中，前有冷泉，南有飞来峰，气势雄伟壮丽，是我国东南地区最大的佛寺。

从创建以来，灵隐寺便高僧云集，文人荟萃，寺内存有各种法器、佛像、石塔、御碑、字画等历史文物，成为灵隐寺独特的文化底蕴。寺内大雄宝殿高33.6米，殿内正中有金装释迦牟尼佛像，高19.6米，佛像造型端庄凝重，气宇轩昂，慈眉善目。

灵隐寺的地理位置决定了其独特的外部景观。寺外飞来峰上有佛教石刻造像330余尊，体现了当时人们高超的雕刻水平。据记载，飞来峰曾有72洞，其中青林洞洞内有石床、手掌印，传说石床为"济公床"，手掌印为"济公手掌印"。

飞来峰造像

飞来峰的石窟造像弥补了中国五代至元代的石窟艺术的空缺。造像中最大、造型也最为生动的一尊佛像是南宋大肚弥勒佛像。

白马寺齐云塔

佛教寺院之始——白马寺

白马寺位于河南洛阳的洛河北岸，是佛教传入中国后兴建的第一座寺院。初建于东汉明帝永平十一年（68）。大臣蔡愔、秦景出使天竺（今印度），用白马驮载回来佛像和佛经。为了纪念白马驮经，就称这座寺院为"白马寺"。白马寺在中国佛教史上占有重要地位，被尊为"释源"和"祖庭"。现有五重大殿和四个大院以及东西厢房。前为山门，是并排的三座拱门。山门外，一对石狮和一对石马分立左右。整个建筑宏伟肃穆，布局严整。

白马寺

如今的白马寺是全国重点文物保护单位。

诗词中的园林之趣

古代诗人往往不遗余力地表达对自然山水和园林景色的赞美之情，也因此留下了诸多诗词。烟柳画桥、风帘翠幕、云树绕堤沙、怒涛卷霜雪，诗人寄情山水，寓情于物，不仅书写了美好的景色，也体现了他们的情怀和向往。

初晴游沧浪亭

[北宋] 苏舜钦

夜雨连明春水生，
娇云浓暖弄阴晴。
帘虚日薄花竹静，
时有乳鸠相对鸣。

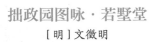

赏析：

下了一夜的春雨，直到天亮才停，河水涨了上来。云层很厚，时阴时晴，天气也很暖和。帘内没有人，日色暗淡，花丛竹丛一片寂静，不时有几声小鸟的叫声从中传出。这是沧浪亭的主人苏舜钦在一次雨过天晴后漫步园中写下的诗。通过对沧浪亭的景色描写，展现了诗人恬静安逸的心情。

拙政园图咏 · 若墅堂

[明] 文徵明

会心何必在郊坰，近圃分明见远情。
流水断桥春草色，槿篱茅屋午鸡声。
绝怜人境无车马，信有山林在市城。
不负昔贤高隐地，手携书卷课童耕。

赏析：

若是心里有所向往，就不必去郊野寻找，堂前园圃也足以表明心志了。这里有流水、断桥、青翠的草地，还有篱笆、茅屋和鸡的啼鸣声。这一切都让人爱上了这没有车马喧嚣的园圃，让人相信城市中也有静谧的山林。不能辜负陆氏所隐居的地方（指拙政园）啊，在这里可以随心所欲地耕地和读书。这是文徵明游拙政园写下的诗句，这里正如"若墅"二字所表达的一样，虽在闹市，却有隐入山林的深寂之趣。

饮湖上初晴后雨二首·其二

[北宋] 苏轼

水光潋滟晴方好，山色空蒙雨亦奇。
欲把西湖比西子，淡妆浓抹总相宜。

赏析：

　　天气晴朗的时候，西湖波光粼粼，美丽极了；下雨时的西湖山色空灵，云雾朦胧，又是另一番奇妙景致。如果把西湖比作美人西施，那么无论浓妆还是淡抹，都显得十分自然。这是苏轼任杭州通判时写下的诗句，西湖的美景在苏轼的笔下有了具体的神韵，开启了后世对西湖美学的探索。

登飞来峰

[北宋] 王安石

飞来峰上千寻塔，
闻说鸡鸣见日升。
不畏浮云遮望眼，
自缘身在最高层。

赏析：

　　听说在飞来峰顶有座很高的塔，鸡鸣时分这里可以看到旭日东升。不怕层层浮云会遮住我眺望的视野，因为我站在飞来峰的最高处。这是王安石途经杭州时，借攀登飞来峰抒发自己变法的决心和政治抱负，可见其意气风发。

枫桥夜泊

[唐] 张继

月落乌啼霜满天，江枫渔火对愁眠。
姑苏城外寒山寺，夜半钟声到客船。

赏析：

　　月亮已经落下，乌鸦还在寒气中啼叫，对着江边的枫树和渔火，我忧愁难眠。姑苏城外，寂寞清静的寒山寺，半夜里敲钟的声音传到了这艘小船上。这是张继为躲避战乱来到江南一带，半夜途经寒山寺时写下的诗，因为心怀忧虑，江南水乡秋夜的景色在他眼中也蒙上一丝清冷之意，使他领略到一种意境清远的诗意美。

第三章

文明的地标，社会的载体

文明起源的
王朝圣地

在中华文明数千年的发展历史中，大量都城被建造，这些都城代表着其所在历史时期的最高建造成就。如今在很多城市中，依然能看到都城当年的辉煌痕迹。

不止明清——北京城

如今我们所说的北京城，多是指始建于明朝的明清北京城，但北京在历史上可不只是两朝都城。早在公元前1045年，北京便成为蓟、燕等诸侯国的都城，后来先后成为辽陪都、金中都、元大都、明清国都，有"六朝古都"之名。

今天北京的地理中心是以故宫为核心的"凸"字形古城区，这是当年朱元璋的大将徐达在规划北京城时，以元大都城墙为基础，将北城墙南移2.5千米形成的。明成祖朱棣登上帝位后，着手建造北京城，前后历时14年。永乐十九年（1421），明成祖正式迁都北京，从此北京开启了作为明清两代都城的辉煌。

明成祖朱棣

明朝第三任皇帝，是第二任皇帝建文帝的叔父，曾发动"靖难之役"登上皇位。

京剧

是我国的国粹之一，分布地以北京为中心。

在北京，怎么玩？

品尝铜锅涮肉、炸酱面、炒肝，这些都是极具特色的北京传统美食。

逛国子监，这是元、明、清三代国家设立的最高学府。

去大栅栏逛街，这里拥有500多年的历史。

中国八大古都都在哪里？

· 洛阳市—河南省　　· 北京市（直辖市）
· 开封市—河南省　　· 西安市—陕西省
· 安阳市—河南省　　· 杭州市—浙江省
· 郑州市—河南省　　· 南京市—江苏省

河南不愧是华夏文明的发源地！

丝路起点——西安

西汉初年，刘邦定都关中，意欲长治久安，故取名"长安"。明洪武二年（1369），明政府改其名为西安府，取义"安定西北"。西安是中国的八大古都之一，历史上先后有十多个王朝在此建都。西安也是古代"丝绸之路"的起点，自古以来就是中国与世界各国进行经济、文化交流的重要城市。西安拥有深厚的文化底蕴和丰富的物质与非物质文化遗产，西安鼓乐便是其中之一，它被认为对"无声的中国音乐史"有难以估量的价值。

西安鼓乐

包括"坐乐"和"行乐"两种演奏形式。

关中八景

"关中八景"的美名形成于明清时期，八景分别是：华岳仙掌、骊山晚照、灞柳风雪、曲江流饮、雁塔晨钟、咸阳古渡、草堂烟雾、太白积雪。这八景既展现了自然风景和历史文化，也体现出关中的地缘文化和人文特性。如灞柳风雪一景，是因为人们在灞河两岸种植柳树，每到暮春时节柳絮飞舞，好似漫天风雪，故得此名。这一景与古长安植柳的传统密不可分，而汉、隋、唐时，人们送别的时候也多"折柳"相赠。除此之外，其他七景也有各自的特色和起源，或许随时代变迁其已发生不同程度的变化，但仍是游玩西安不可错过的美景。

皇家宫殿

西安的皇家宫殿有很多，如大明宫、未央宫、华清宫等，但大都毁于战火，只存留遗址，或在遗址基础上重建。

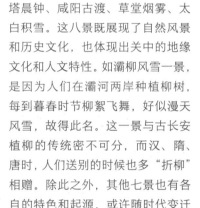

未央宫

西汉时期的宫殿。

小雁塔

小雁塔体量较大雁塔略小。

华清宫

华清宫，后也称为"华清池"。

金陵帝王州——南京

南京以钟山为伴，长江为邻，从229年孙权称吴大帝起，东晋、宋、齐、梁、陈皆以此为都城，南京成为"六朝古都"。历经六朝的南京骄矜傲岸，与古老的罗马一并被称为"世界古典文明两大中心"，是整个华夏文明的骄傲。

对于南京的情愫，注定是历史与情怀交织的悲喜。历史的云烟，在现代都市的上空弥漫，虽然是同样的蓝天，却见证了不同的时代。在南京，过去、未来的苍茫，都离不开脚下的一抔黄土。

秦淮小吃

秦淮小吃历史悠久，有雨花石汤圆、小烧卖等。

夜泊秦淮近酒家

秦淮河是南京的母亲河，孕育了灿烂的历史文化，素有"十里秦淮、六朝金粉"之美誉。唐朝诗人杜牧的《泊秦淮》，描写的就是秦淮河当年的景象。秦淮河两岸建筑群古香古色，飞檐漏窗、雕梁画栋、桨声灯影，加上繁华的市井生活，造就了金陵古都的旅游胜地——秦淮风光带。如今的风光带以夫子庙为中心，以秦淮河为纽带，串联起包括中华门、瞻园、白鹭洲等景点的旅游线路，富有诗情和魅力。

秦淮灯会

秦淮灯会又称"金陵灯会"，主要集中在每年春节至元宵节期间举办。

一部三十万人的历史

侵华日军南京大屠杀遇难同胞纪念馆位于水西门大街418号。在日军侵华期间，南京有30万手无寸铁的中国百姓，包括老弱妇孺，甚至是襁褓中的婴儿，被集体屠杀。现代艺术家们为了还原当时的惨况，在悼念广场创作了"倒下的300000人"的雕塑，让世界正视这段沉痛的历史。

画里古都——开封

开封简称"汴"，古称汴梁、汴京。开封一名始于春秋时期，郑庄公在今开封城南筑仓城，取"开拓封疆"之意，距今已2700余年。因地理位置优越，水陆交通发达，战国魏，五代梁、晋、汉、周，北宋及金朝都曾在这里设立都城，有"七朝古都"之称。市内景点有大相国寺、铁塔、龙亭大殿、禹王台、山陕甘会馆等。历史名人有秦国大臣尉缭、秦末农民起义军首领张耳、陈馀，东汉经学家郑兴、郑众，北魏书法家郑道昭等。

开封铁塔

开封铁塔并非铁塔，而是由赭色琉璃砖镶砌而成，因远远望去如同铁色，故名铁塔。

你能数清画里有多少人吗？

一幅长卷天下知

在宋朝，城市中商业区和住宅区的界限被打破了，商贩们甚至可以通宵做生意。北宋画家张择端就用一幅《清明上河图》长卷，为我们描绘了当时北宋汴京的繁华景象。画中各行各业的人物形象鲜活生动，神态栩栩如生，各色商店应有尽有，展示了汴梁人民精彩的市井生活，如同一部内容丰富的百科全书。

开封清明上河园

是以《清明上河图》为蓝本、以游客参观体验为特点的主题公园。

河洛文化之源——洛阳

洛阳市简称"洛"，是河南省第二大城市、历史文化名城、中国八大古都之一。东周、东汉、三国魏、西晋、北魏、隋（杨广）、唐（武则天）、后梁、后唐先后定都于此，故有"九朝古都"的称号，是中国历史上建都时间最长的两大城市之一（另一为西安）。

东汉、魏、晋、隋、唐时代，洛阳是中国乃至全亚洲的经济、文化中心，又是中国佛学、理学、经学兴盛之地，五代以后逐渐衰落。隋炀帝曾下令在洛阳开凿大运河，使洛阳成为南北大运河的中心。隋唐时，洛阳已成为繁荣的商业都会。

牡丹为洛阳市市花，自古有"洛阳牡丹甲天下"之说。洛阳的风景游览地有王城公园、牡丹公园、白云山、龙门石窟等。洛阳是人们喜爱的古都类旅游城市之一。

龙门石窟

龙门石窟位于洛阳市，营造于494年前后，是中国三大石窟之一，以佛龛造像闻名于世。

宋代文人有多爱洛阳牡丹？

宋朝时，洛阳牡丹名扬天下，被众多文人墨客争相歌颂。直至今日，牡丹仍是洛阳的文化符号之一。

洛阳地脉花最宜，牡丹尤为天下奇。
选自北宋·欧阳修《洛阳牡丹图》

桃李花开人不窥，花时须是牡丹时。
选自北宋·邵雍《洛阳春吟》

走在老街上
感受地方风情

除了气势恢宏的古代都城，还有很多古城因其特有的气候条件和风貌而独具魅力。不同的地域文化造就了不同的人文风情和风土习俗，让我们一起走进这些古城，探寻散落在华夏大地上的明珠吧！

风花雪月之地——大理

大理市位于苍山之麓、洱海之滨，是中国历史文化名城、著名风景名胜区，也是大理白族自治州的首府。人们常把大理称为"风花雪月"之地，其实，这并不是指人们所想的烂漫生活，而是指"下关的风，上关的花，苍山的雪，洱海的月"，此为大理市四景。大理境内还有崇圣寺三塔、太和城遗址、南诏德化碑、大理张家花园等著名景点，以及大理石、鲜花饼等特产。明丽的天空，宁静的洱海，造就了大理的风、花、雪、月，吸引众多游客前来游玩。

下关的风

下关是大理的一个街区，这里的风终年不息，清爽温柔，还有一种浪漫情调。无论冬夏，下关的风都会穿过干净的街道，轻轻地拂过游人的面颊。下关的风中带着丝丝的馨香与甜蜜，这是上关的花儿都盛开了的结果。不妨给自己一个假期，在古城静坐，吹吹这里的风。

大理石

因盛产于大理而得名，常带有美丽的花纹。

大理张家花园

高高翘起的屋檐和华丽的彩绘代表着白族建筑的特色。

上关的花

　　上关位于大理苍山云弄峰之麓，是一片名副其实的花的海洋。这里的花朵大而丰满。枝头上娇艳的玫瑰，朵朵都有碗口大小；而平常所见的娇小的蝴蝶兰，仿佛吸收了无比鲜美的养料，大大的花瓣在风中摇曳，连成了一片灿烂的紫色。在关外的花树村，还有一棵著名的"十里香"花树，花大如莲，传说是吕洞宾吕仙人所种，带着一股仙人的灵气。据说十里香的香气可以飘数十里远，所以叫十里香，花的颜色为黄白相间，非常美丽。花落后，结出一种黑而硬的果实，当地人常常用来做朝珠，因此也叫"朝珠花"。

苍山的雪

　　大理四季如春，但苍山顶峰却终年覆盖着洁白晶莹的积雪，远远望去，就像一条舞动着的白背苍龙，在大理灿烂阳光的映照下，美丽动人。传说当年瘟疫流行，有一对白族兄妹为了救大家，到菩萨处学法，归来后，妹妹变成了雪神，与哥哥一起将瘟神赶到了苍山之顶，用千年不融的白雪冻住了瘟神。从此后，苍山的十九峰山顶上便有了皑皑积雪。

洱海的月

　　在苍山之东，有一片如镜般的湖泊，那便是洱海。洱海形似人耳，南北长，东西窄，是一个风光明媚的高原淡水湖泊。据说每到中秋节，居住在洱海周围的人们便要将木船划到洱海里，低头便能看见一轮金月亮藏于水中。而此时，茫茫的湖水、天光、云彩、月亮相映在一起，形成一幅优美的图画，令人陶醉。

龟城布局

　　鸟瞰平遥古城，它就像一只乌龟，人们常称它为"龟城"，寓意着固若金汤、长治久安。

民间故宫——平遥

　　平遥古城位于山西省中部，是一座历史文化名城。平遥古城始建于约3000年前的周宣王时期，为西周大将尹吉甫驻军于此时所建。康熙四十二年（1703），皇帝西巡路过这里，一声令下，四面楼起，平遥的城池从此更加壮观。如今墙内依稀还有明清风韵，街道、店铺、市楼鳞次栉比，墙外新址横生。

　　平遥是全国第一家票号诞生的地方。"日昇昌"便在这里创立，对于中国近代的金融业，它的创立有着重要的作用。那时候，一些大商号经营着大宗的跨地区业务，因为巨额现银携带不便，专

平遥县衙

　　平遥县衙是全国现存规模最大的县衙。这里保存了完整的清朝监狱，常常有县官断案的演出。

明清一条街

　　明清一条街是平遥古城的南大街，集中保存了明清时期的商铺遗迹，有票号、钱庄、当铺、绸缎庄等各种行当的店铺，是古城最重要、最繁华的商业街。

营于汇款的票号行业就此诞生。鼎盛时期，"日昇昌"在全国有二十几家店铺，由于诚实守信，业务甚至远涉日本、新加坡等国家。依票号原址而建的博物馆中，不仅记录着当年票号业的兴衰，那独具特色的建筑艺术，也吸引着更多人的游览。

梦里水乡——周庄

周庄位于江苏昆山西南部，始建于宋朝，至今已有900多年的历史，现位列中国十大水乡古镇之首。吴淞江、娄江等30多条河流围绕着它，交错成"井"字形河道。桥是周庄的亮点。14座古桥桥桥相望，贯穿了周庄的交通，更构成了周庄独有的水乡神韵，其中最负盛名的当数双桥和富安桥。

周庄大部分民居仍为明清建筑，这座小小的古镇，有800多户原住民枕河而居。楼在桥边，窗在水上，粉墙黛瓦，飞檐翼然，墙垣斑驳。深褐的窗棂，雕花的隔屏，玲珑幽暗中却分明透出一份宽广明丽。宅院的门外，是一段段青石板路，900多年来，石板早已被人们的脚步磨得平整而光滑，散发出幽幽冷冷的光，人影可鉴。下雨时，石板在雨水的冲刷下，像一面面铜镜，映着青黛的屋檐和行人晃动的衣袂。

周庄特产——万三蹄

万三蹄相传是江南富豪沈万三家款待贵宾时必备的佳肴，有"家有宴席，必备酥蹄"之说。经过数百年的传承，它已成为周庄人宴请宾客的主菜。

富安桥

富安桥桥楼合璧，四端各有一座飞檐垂角、装饰富丽的楼阁，是目前江南水乡仅存的桥楼建筑。在这里，你能真正体会到古诗中"吴树依依吴水流，吴中舟楫好夷游"的意韵。

周庄古镇的水巷游船

这是周庄提供给游客的一项旅游娱乐活动。数百艘摇橹游船可供游客在水巷中乘坐，悠闲地欣赏古镇美景，感受梦里水乡。

桥上人家——同里

同里建于宋朝，隶属于江苏省苏州市吴江区，位于太湖之畔、古运河之东，四面临水，八湖环抱，风景优美。这里的建筑依水而立，以"小桥流水人家"著称。古色古香的店铺、逶迤悠长的街巷、粉墙黛瓦的民居，还有那若隐若现的古桥、迎风拂水的绿柳，无不透着一股宁静与安详之感。印象最深的还是同里的一湾悠悠绿水，水活且清，基本上"家家临水，户户通舟"，有"水巷小桥多""人家尽枕河""柳桥通水市，荷港人湖田"的独特景观。

镇上最有名的桥是"三桥"，即太平桥、吉利桥和长庆桥。三座石桥均以小巧见长，以三足鼎立的姿态互相依伴伫立在古镇中心。据说，从古至今同里人逢喜事，还有"走三桥"的风俗。

太平桥　长庆桥　吉利桥

游学百科

"走三桥"的风俗

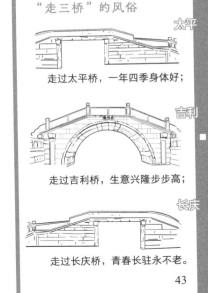

太平

走过太平桥，一年四季身体好；

吉利

走过吉利桥，生意兴隆步步高；

长庆

走过长庆桥，青春长驻永不老。

一城山水
一方人

在漫长的时代变迁中，古城往往会失去原来的样貌和特色，但有一些古城虽然历经沧桑，却仍然保有自己的传统风貌。在现代化都市飞速发展的今天，它们拥有最质朴的面孔。

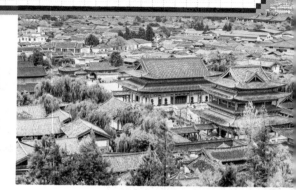

邂逅自然——丽江古城

丽江古城坐落在云南丽江古城区，是中国保存完整的纳西族聚居的古镇，也是中国古代城市建设之瑰宝，1997年被列入《世界文化遗产名录》。丽江古城始建于南宋末年，至今已有800多年的历史。它西枕狮子山，北依象山，周围青山环绕，泉水穿巷走院，形似一块碧玉砚台，故名"大研"，即"大砚"的意思。

"权镇四方"

四方街为古城中心，四通八达，周围小巷通幽，据说是明代木氏土司按其印玺形状而建，取"权镇四方"之意。街道全用五彩石铺砌，平坦洁净，晴不扬尘，雨不积水。泉水来自玉河，随街绕巷，穿墙过屋。水边杨柳垂丝，柳下小桥座座，形成"家家流水，户户垂杨"的独特风貌。

茶马古道的驿站

在古代，生活在西部的各族人民用马匹等货品与内地交换茶叶等必需品，这种交易所形成的交通路线就是茶马古道。云南的许多城市旧时便因茶马古道而繁荣、兴盛，丽江古城便是其中之一。丽江古城作为茶马古道上的一个重要中转站和集散地，境内的古道分布错综复杂，包括东、西、南三大线。四方街曾经是茶马古道上热闹的集市，聚集了来自各地的马帮。

马店与马帮

马店是人和马休息的旅店；马帮则是驮运货物的队伍，头领被称作"锅头"。带路的头马系着铜铃，打扮得很神气。

丽江古城为什么没有城墙？

明洪武十五年（1382），明军征云南时，丽江纳西族首领阿甲阿得归顺，明太祖赐姓木，封为丽江土知府，木氏统治丽江达470年之久。丽江古城便是木府所在地，因为木字加方框（象征城墙）会组成"困"字，因此丽江古城没有城墙。

木府

木府融合了汉族与纳西族的建筑风格。

日光之城——拉萨

拉萨市为西藏自治区首府，是中国历史名城，著名的藏传佛教圣地，同时又是西藏自治区政治、经济、文化和交通中心。这里全年少雾，光照充足，年日照时数在3000小时以上，故有"日光之城"的称号。

作为首批中国历史文化名城，拉萨以其风光秀丽、历史悠久、风俗民情独特而闻名于世，先后荣获"中国优秀旅游城市""欧洲游客喜爱的旅游城市""全国文明城市""中国特色魅力城市"等荣誉称号。

在藏传佛教中，转经是重要的朝拜仪式。顺时针绕行神圣的地方可以积累功德，绕行路线就称为"转经路"。拉萨有四环转经路，分别是八廓街、孜廓路、林廓路、囊廓道。其中八廓街也叫八角街，但其呈圆形而并非八角形，因为"八角街"是"帕廓街"的音误。它坐落在古城拉萨的中心位置，仿佛一座巨大的时钟，辉煌壮丽的大昭寺就是钟轴。帕廓街是拉萨保存最完整的街道之一，也是拉萨的宗教、经济、文化和民族手工艺的聚集地，在这里，游客能够深入地感受西藏的风土人情。

藏族服饰

通常有着宽袍长袖，非常保暖。气温上升时还可以脱下衣袖散热。

修建进藏公路

20世纪中期，人们开始修建进藏公路。青藏高原空气稀薄，不少工人都出现了缺氧的情况，厚厚的冻土层也让修建公路的过程更加艰辛。

克服了重重困难后，进藏公路终于通车了。原本牦牛需要几个月才能走完的路程，如今汽车只需要几天。

献哈达

在日常交往中，藏族人民常献哈达以示敬意。

大昭寺

在拉萨的市中心，是西藏最著名的寺庙之一，建于公元7世纪。

繁华喧嚣的
都市图景

都市代表了先进的生产力、科技水准和生活方式；都市是文化载体和传播体，是经济、政治、文化的中心。让我们走进大都市，感受这世界的繁华与喧嚣吧！ ▼

贸易口岸——广州

广州市是广东省省会，古称"楚庭"。传说古代曾经有五位仙人，骑五色仙羊，带着稻穗，降临"楚庭"，所以广州又名"羊城"，简称为"穗"。清朝"五口通商"前，广州是中国唯一的对外贸易口岸，也是古代海上"丝绸之路"的发源地之一。现在的广州是中国南方交通枢纽和对外开放的门户，以中国"南大门"著称。

广州有许多历史文化名胜和现代化的购物中心、娱乐场所，不论是古老的陈家祠、光孝寺，还是现代的天河CBD和琶洲国际会展中心，都显示出了广州的繁华和活力。广州塔是广州的一座标志性建筑，因其独特的"纤纤细腰"造型而被称作"小蛮腰"。白天，广州塔是登高望远的佳处；晚上，绚丽的灯光将广州塔装点得分外美丽。

木棉花

广州市花。木棉树能长到二十多米高。

五羊石像

广州的标志性雕塑之一。

海上明珠——上海

在长江入海口，上海是毫无争议的海上明珠。这里曾经是春秋战国时期楚国春申君黄歇的封邑，所以被称为"申"。而晋朝时期，渔民在这里繁衍，吴淞江下游一带被称为"扈渎"，后又改称"沪"，因此上海又简称"沪"。

吴越文化在这里飞速发展，外来西方工业文化也在这里扎根发芽，融合出了上海独特的海派文化。作为全球著名的金融中心、超大型的亚洲城市代表、全球人口最多和面积最大的大都会之一，上海的美值得每一个人细细品味。

上海外滩

对于上海来说，哪一座建筑才算是它的地标性建筑呢？这个问题向来争论不休，因为这里有太多值得被记住的地标。仅仅在外滩，便有鳞次栉比的古今建筑，它们代表了上海的过去和现在。

东方之珠——香港

香港在明清时期属广东新安县。1842年和1860年，英国先后强迫清政府签订《南京条约》和《中英北京条约》，迫使清政府割让香港岛和九龙，1898年又强行租借了新界，租期99年。中华人民共和国成立以后，国力日渐增强，香港于1997年回到祖国怀抱。中国传统文化和西方文化在这里交融，使香港的多元文化大放异彩。

七子之一

九龙半岛原为地势由北向南逐渐降低的丘陵半岛，隔维多利亚港与香港岛对峙。半岛中央的大雾山是香港地区最高峰，半岛上多丘陵。主要城镇九龙位于半岛南端，有铁路通往广州，港口可停泊远洋巨轮。经长期开发，西南较为宽阔的平原已成为市区的一个工商业活动中心，其中油麻地、尖沙咀、旺角等地最为繁华。

香港美食知多少？

香港是一个融合中西方文化的地方，其美食也多样且富有特色，值得好好品尝。

菠萝包

西多士

云吞面

杨枝甘露

华灯下的海港

九龙半岛和香港岛之间是世界三大天然深水港之一的维多利亚港。海港位置优越，是一个得天独厚的深水良港，也是世界上最繁忙的天然内港之一，每年抵港的远洋轮船超过六七万航次。维多利亚港也是全球最美丽的海港之一，夜幕降临，华灯亮起，此时的维多利亚港更加多姿迷人。

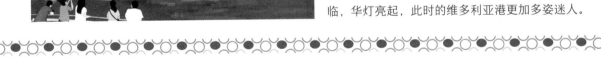

游学百科

对话上海古今建筑

上海拥有许多历史建筑，代表了20世纪初世界建筑设计和施工技术的一流水平。21世纪后，上海也涌现出大量的现代建筑。在上海，你可以感受到传统与现代的交融，体验到繁华都市的魅力。

新建筑

上海体育场

中华艺术宫

上海国际机场

旧建筑

中共一大会址

沙逊大厦

中国银行大楼

赖以生存的"城""市"

城市是社会和经济发展到一定阶段的产物，通常具有政治、经济、文化、社交和商业等多种功能，为人们提供了更多的机会和便利的生活方式。在城市发展的萌芽阶段，"城"代表了人类聚集居住的地方，"市"则代表了开展商业活动的地方。

城市是怎么发展起来的？

因"城"而"市"：指先有城后有市，市是在城的基础上发展起来的。这种类型的城市多见于战略要地和边疆城市。

因"市"而"城"：由于市的发展而形成的城市，即先有市场，后有城市。这类城市比较多见，是人类经济发展到一定阶段的产物，本质上是人类的交易中心和聚集中心。

隋唐洛阳城

隋唐洛阳城是因"城"而"市"的代表，城市建造遵循了外郭城、皇城、宫城的营造方式，全城共有109个坊，还有3个市场供人消费和休闲娱乐。

我国古代城市的几种形态

规则形

方形：这种城市形态为多数，北方和南方平原地区的城市多是矩形或方形，方城十字街是古代一般中小城市的典型形态。

圆形：因河流山川等地形条件而形成的城市形态。

不规则形

沿河城镇：多位于两河交汇处，一般顺应河势展开，也有的跨越河流发展。中国古代的沿江河城市往往位于两江交汇处。

山城：依山而建，但往往也靠近河流，因水路交通条件优越，虽不适合建城，但仍发展为较大的城市。

双重城：由不同民族居住或因历史原因形成的两个独立城镇，如内蒙古的绥远和归化二城，距离很近。

词义辨析

邑：泛指所有居民点，奴隶主居住的邑为大邑，四野农夫居住的邑为小邑。

市：中等的邑有时候设市，故称之"有邑之市"，规模相当于赶集的"市""墟""场"等，不过并非所有的邑都有市。

市井：市一定在居民点（邑）中，居民点中一定有井，称为"市井"。

郭：古代城墙一般有两重，内层称"城"，外层称"郭"。奴隶主居城内，百姓居郭内。

城与市：市指交易场所，城指防御城垣。城市经济不同于农村居民点的经济，私有制产生后，需要防御城垣保护私有财产；手工业商业与农业分开，需要有专门的固定场所交易。

唐长安城

　　唐朝的国都——长安城，它像个"超级大棋盘"。长安城的前身是隋朝的大兴城，由宇文恺设计督造而成。唐长安城是按照中国传统规划思想和建筑风格建设起来的城市，城市由外郭城、皇城、宫城、禁苑、坊市组成，有2市108坊，显示出古代中国城市规划设计的高超水平。

西市

　　西市是柴米油盐酱醋茶样样俱全的"百货市场"，还有来自外国的朋友开的"特色杂货店"。

东市

　　东市附近聚集了很多达官贵人，因此卖的东西较昂贵。

宋汴梁城

　　宋代的农业、手工业和商业兴旺发达，城乡市镇都有很大发展，是当时世界上经济最发达的国家。唐代城市布局有严格的市、坊界限，对商业贸易时间也严格管控，且实行宵禁制度，晚上城门关闭后禁止在街上闲逛。而进入宋代，市、坊界限被打破。此外，宋代还出现了早市和夜市，商贩们可以通宵达旦做生意。市内还出现了瓦舍、酒肆、茶楼等娱乐场所。

唐长安城平面图

　　唐朝实行"里坊制"。人们生活在一道道围墙围起来的"坊"中。

大明宫

宫城

坊

皇城

西市

东市

兴庆宫

朱雀街

大慈恩寺

曲江池

酒肆

说书

唱词

第四章 高高峰顶立，深深海底行

寻访深居于 山岳的文脉

> 我国地域辽阔，山岳形胜不计其数，不仅造就了独特的地理风貌和风土人情，也寄托了诸多文人墨客的情思。走进山脉，感受峰顶之间的中华文脉。

五岳独尊——泰山

泰山位于山东泰安，有五大景区，风景晴雨各异，以丽、幽、妙、奥、旷为特色。泰山上有很多著名的景点，如泉水甘冽的五盘池、古柏参天的柏洞、险如云梯的十八盘、耸入云端的南天门、白练高悬的黑龙潭瀑布等。历代摩崖题刻有800多处，如秦二世"泰山刻石"、经石峪北齐人石刻"金刚般若波罗蜜经"、唐玄宗"纪泰山铭"石刻碑等，均为不多见的历史文物。

泰山封禅在我国古代被视为最高权力的象征，历代帝王多来此朝拜，举行封禅大典。周朝以前就有众多君主来此祈祷，周以后，秦始皇、汉武帝、唐高宗、宋真宗等都曾到泰山祭天封禅。封禅活动巩固了泰山五岳独尊的地位，也留下了丰富的文物古迹。历代文人游客纷至沓来，游山朝圣，赋诗题记，使泰山成为历史人文荟萃的游览胜地。

无双胜境——武当山

武当山位于湖北，是秦岭、大巴山的东延部分，又名太和山。主峰天柱峰，山中峰奇谷险、气势雄峻、洞壑深邃、风光秀美，被誉为"亘古无双胜境，天下第一仙山"。武当山有七十二峰、三十六岩、二十四涧、十一洞、三潭、九泉、十池、九井、十石、九台等胜景，还有上、下十八盘险道及"七十二峰朝大顶""金殿叠影"等奇观。

武当山顶的金殿

武当山顶的金殿是明代铜铸仿木结构宫殿式建筑。殿体各部采用失蜡法铸造，遍体镏金，结构严谨，合缝精密，虽经500多年的严寒酷暑，至今仍辉煌如初，显示出我国铸造工业发展的高超水平，是现存古建筑和铸造工艺中的一颗璀璨明珠。

相传西周时，净乐国太子真武来此修炼，他后被道教尊奉为职掌北方天界的"玄天真武大帝"。山遂有"非真武不足以当之"的说法，故名武当山，真武大帝也被认为是武当山的主神。相传周朝尹喜、明代张三丰等，均曾在此修炼，武当山因此成为道教名山。唐代崇尚道教，建有五龙祠等道观，宋、元也有兴建，大部分毁于元末兵火。

现存建筑基本上保持着明初的建筑格局，金殿、紫霄宫、玄岳门、太和宫、南岩宫、五龙宫、遇真宫、玉虚宫、复真观、元和观等古建筑均基本保存完好，内有大量神像、法器、经籍等道教文物。

登泰山可分东路和西路，两路交会于中天门而达岱顶。岱顶可观"旭日东升""云海玉盘""黄河金带"和"晚霞夕照"四大自然奇观。著名的文物古迹有岱庙、王母池、红门宫、斗母宫、五松亭、南天门、碧霞祠等。

从中天门登泰顶，刚出发的一段路平缓坦荡，俗称"快活三里"。过云步桥后，山势陡峭，从开山到南天门则全为登山盘道，被誉为"天梯"，俗称"十八盘"，又有"紧十八，慢十八，不紧不慢又十八"之说。

游客在攀登十八盘时应注意安全，避免发生危险。

南天门

南天门为泰山十八盘的尽头，是一处楼阁式建筑，气势宏伟。

岱庙

岱庙是泰山的神庙建筑，是历代帝王封禅、祀神之处。岱庙的主体建筑天贶殿内供奉着东岳大帝，即泰山神的塑像。

泰山石敢当

"石敢当"的神话故事版本众多，其中一个说法是：石敢当是泰山脚下的一位勇士，他会降妖除魔。人们把刻有"泰山石敢当"的石碑嵌到墙上，用以威吓妖魔。

遍览五绝五胜——黄山

黄山位于安徽，是一座闻名全国的奇山，两亿年的时光雕琢了这座大山不凡的神韵。奇松、怪石、瀑布、云海，黄山以其瞬息万变的景色和深厚的历史文化底蕴，吸引了无数迁客骚人对它赞美不已。走进黄山，一起去领略它独特的风采。

黄山在秦时称"黟山"，唐天宝六载（747），唐玄宗根据轩辕黄帝曾在此"煮石炼丹、羽化成仙"的传说，将其改名为黄山，即"黄帝之山"。也是这个原因，黄山自古为道教名山，遗迹众多。黄山的神奇秀丽在人们的口耳相传中增添了神秘的色彩。黄山自然风景兼有泰山之雄伟、华山之峻峭、衡山之烟云、庐山之飞瀑、峨眉山之清凉，并以怪石、温泉、云海、奇松、冬雪为"黄山五绝"，以历史遗存、书画、文学、传说、名人为"黄山五胜"。

怪石 1

黄山的怪石以奇取胜，以多著称。处处可以看到险峰林立、危崖突兀，山顶、山腰和山谷等处广泛分布着花岗岩石林和石柱，巧石怪岩犹如神工天成，似人似物，似鸟似兽，神态各异，形象生动，构成了一幅幅绝妙的天然山石画卷。其中有名可数的就有120多处，著名的有"十八罗汉朝南海""猴子观海"等景观，栩栩如生。

云海 3

许多从黄山归来的游客都会对黄山的云海赞不绝口。"自古黄山云成海"，黄山是云雾之乡，以峰为体，以云为衣，其瑰丽多姿的云海以美、胜、奇、幻享誉古今。如果你是在雨雪后的初晴之时登上黄山，或是在日出日落之时站在黄山顶峰，你还能看到蔚为壮观的"霞海"。怪石、奇松、峰林浮在云海中，忽隐忽现。置身其中，犹如进入一个梦幻之地，飘飘欲仙，可以领略"海到尽头天作岸，山登绝顶我为峰"的境界。

温泉 2

黄山的"五绝"中还有一绝就是温泉。黄山温泉，古称"灵泉""汤泉""朱砂泉"，它由紫云峰下喷涌而出，和桃花峰隔溪相望，传说轩辕黄帝就是在此沐浴七七四十九日羽化升天的。古人题咏："嵩阳若与黄山并，犹欠灵砂一道泉。"黄山温泉已有1000多年的开发历史，水温常年处于42℃左右，富含重碳酸盐，对人体具有一定的保健作用。

听说黄山毛峰茶很好喝！

4 奇松

松树是黄山最奇特的景观，它们大多生长在岩石缝隙中，盘根错节，傲然挺立，显示出极顽强的生命力。最著名的黄山十大名松有迎客松、竖琴松、送客松、探海松、蒲团松、黑虎松、龙爪松、接引松、麒麟松和连理松。玉屏峰东侧的迎客松更是成为黄山的象征，年年岁岁迎接着来自五湖四海的游客们。

冬雪 5

"黄山五绝"中的最后一绝便是冬雪，冬雪是需要在特定季节才能看到的景观。雪后的黄山犹如一幅泼墨写意的山水画卷，洁白的天地之间只有远山和近处的几个人影。若是有幸遇到雪后天晴，阳光洒在皑皑山头，加上奇松怪石的衬托，更是绝佳的人间美景，让人心生赞叹。

刚柔并济的
地貌造型师

流水对塑造大地形态有重要的作用，其中最具有代表性的当数喀斯特地貌。我们不仅可以欣赏到惊奇壮美的地表景色，还可以深入溶洞一探地下的奇妙世界。

人间瑶池——九寨沟

九寨沟地处四川省西北部岷山山脉，地质背景较为复杂，发育了大规模喀斯特作用的钙华沉积，形成了独特的喀斯特地貌。这里集翠海、瀑布、彩林、雪峰为一体，栖息着金雕、梅花鹿、金丝猴等珍贵动物，被誉为"人间瑶池"，吸引着世界各地的游客。

日则沟与则查洼沟

九寨沟风景区的三条山沟呈"Y"形布局，日则沟为其右支。从诺日朗瀑布到原始森林，全长18千米，是九寨沟风景线中的精华部分，主要有珍珠滩瀑布、五花海、熊猫海、箭竹海等景点。这里风光绝美，每一处都让人惊叹不已。则查洼沟处于九寨沟风景区"Y"形布局的左支，是九寨沟内海拔最高的一条游览路线。

金雕

大型猛禽，体长约85厘米。

梅花鹿

喜欢采食灌木的芽和嫩枝条。

金丝猴

常栖息于高海拔的森林中。

情寄九寨沟

九寨沟四时景色各异：春之花草，夏之流瀑，秋之红叶，冬之白雪，如同慷慨的女神将恩泽不分昼夜地普降给人类，无不令人为之叫绝。"黄山归来不看山，九寨归来不看水"，水是九寨沟的精灵，湖、泉、瀑、溪、河、滩，这个精灵以各种姿态出现在九寨沟内，灵动与静谧结合，刚烈与温柔相济。在崇山峻岭的衬托下，在树木花草的掩映下，更显出了灵气与温婉。其中的珍珠滩瀑布因曾经出现在课本中而更为人所熟知。

九寨沟的得名

九寨沟景区内有九个藏族寨子，又称"和药九寨"，故名为"九寨沟"。

珍珠滩瀑布

珍珠滩瀑布是九寨沟内一个典型的组合景观，是电视剧《西游记》片尾中，唐僧师徒牵马涉水的地方。

九寨沟的水为什么是五颜六色的？

散射原因

　　九寨沟水体色彩的形成，在实质上，是水体选择性吸收效应及大气和水体的瑞利散射效应的产物。

钙华原因

　　钙华即石灰化，是高寒岩溶作用的产物，属于泉水堆积类型的碳酸盐建造，有利于色彩的反射透视。

生态系统原因

　　洁净的空气、周围的植被、湖内生长的藻类植物等，使得湖泊呈现出五彩斑斓、如梦如幻的色彩。

桃源胜景——武陵源

　　武陵源风景名胜区位于湖南省西北部，由张家界国家森林公园、天子山自然保护区、索溪峪自然保护区和杨家界景区组成，景区有大片石灰岩喀斯特地貌。经过亿万年流水的侵蚀溶解，这里形成了无数的溶洞、落水洞、群泉，如三千奇峰、黄龙洞等。它们与丰富的矿产资源和动植物资源，一同构成了山中的桃源胜景。

　　武陵源有罕见的石英砂岩峰林地貌，这种地貌是由流水侵蚀、重力崩塌、风化等相互作用而形成的，它以多、美、野而著称于世，堪称造物主的伟大杰作。群山环抱之中，石峰耸立，高低参差，怪异嶙峋，美不胜收。武陵源素有"水八百"之称，山中之水以"久旱不断流，久雨水碧绿"为特色，溪、泉、瀑、潭齐全，纷呈异彩。

黄龙洞

　　典型的喀斯特岩溶地貌，拥有两层旱洞和两层水洞。现已探明的总面积达 10 万平方米。

> 游学百科

喀斯特地貌类型一览

　　除了我们熟悉的九寨沟和武陵源，石林、溶洞、天坑也都属于喀斯特地貌。

重庆武隆芙蓉洞

重庆后坪天坑

云南石林

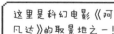

这里是科幻电影《阿凡达》的取景地之一！

风沙凿刻的
荒漠遗迹

在干旱地区，由于缺少植被的遮挡，风沙便像刻刀一样雕凿大地。经年累月地吹蚀构造出独特的风蚀地貌，也孕育了别样的人文地理风情。

戈壁鬼影——雅丹国家地质公园

雅丹国家地质公园位于我国甘肃省敦煌市。雅丹地貌，又称"风蚀垄槽"，是指在干旱、平坦的地面上，在大风长期吹蚀和分割下而形成的很多形状不一的垄脊和沟槽相间的地貌。我国的雅丹地貌主要分布在青海柴达木盆地、新疆准噶尔盆地、疏勒河中下游和新疆罗布泊周围。罗布泊地区的雅丹地貌主要是楼兰古城雅丹地貌、龙城雅丹地貌、阿奇克谷地雅丹地貌和三垄沙雅丹地貌，敦煌雅丹国家地质公园便位于三垄河以东一带。

雅丹国家地质公园也有"敦煌雅丹魔鬼城"的称号，每当狂风骤起，魔鬼城内飞沙走石，天昏地暗，狂风穿梭，卷起的砾石、沙土与岩石摩擦、撞击发出凄厉尖锐的声音，让人不禁联想起骇人的魔鬼因饥饿而咆哮。强劲的大风不但给予它魔鬼的"名声"，更赐予它魔鬼的"身形"，景区内的雅丹体按形态分为垄岗状雅丹、墙状雅丹、塔状雅丹、柱状雅丹和雅丹残丘五类。

西海舰队
（垄岗状雅丹）

天外来客
（柱状雅丹）

雅丹公主
（柱状雅丹）

金狮迎宾
（塔状雅丹）

雅丹城堡
（墙状雅丹）

塞外奇响——鸣沙山

天苍苍，沙茫茫，大漠中沙浪萦回，看似激流勇进却又波涛凝固。流沙常年堆积汇聚成山，山峦像金子一样灿烂，像绸缎一样柔软。一道道沙峰如大海中的金色波浪，气势磅礴，消逝于天之尽头，壮丽之至，苍凉之至。这就是位于甘肃敦煌城南的鸣沙山。

"沙鸣"也叫"沙岭晴鸣"，沙粒在风力作用下相互摩擦产生静电，从而发出声音。在晴朗天气下，水汽蒸发形成"蒸气墙"，与弧形沙丘的背风坡脊线形成热气层，构成天然"共鸣箱"，将沙粒摩擦的声音放大几倍甚至几十倍。多种因素的共同作用，造就了鸣沙山的独特魅力。

有人将鸣沙山誉为"天地间的奇响，自然中美妙的乐章"。从山巅顺着沙坡滑下，流沙如同一匹匹锦缎铺满沙坡，如金色群龙飞腾，鸣声随之而起，初如丝竹管弦，继若钟磬和鸣，进而金鼓齐鸣，近闻如兽吼雷鸣，远听如神声仙乐，轰鸣之声不绝于耳。来这里一定要登上山顶，不过这并非易事，绵绵细沙，进一步，退半步，似平行而无进，只好手脚并用往上爬。如果掬沙细看，就会发现山上的沙粒有红、黄、绿、白、黑五种颜色，这是"五色沙"。阳光下沙粒晶莹闪亮，五彩缤纷，充满迷人的魅力。

迷人的陇中风情

甘肃是丝绸之路和河西走廊的要塞，这里的历史代表文化为"河陇文化"，有各种各样的文物遗迹。

铜奔马　　　　　临夏砖雕

长城第一墩　　　　夜光杯

从高处俯瞰，月牙泉就像落在沙漠里的一弯蛾眉月！

沙漠里的绿洲

鸣沙山是山，有山的胸怀，一泓千万年前来自地底深处喷涌而出的清泉，安静地依偎在鸣沙山的怀里。泉绿如古老的碧玉，弯如初升的新月，所以得名为"月牙泉"。在茫茫大漠中有此一泉，在黑风黄沙中有此一水，在满目荒凉中有此一景，深得天地之韵律，造化之神奇，令人神醉情驰。

色如渥丹的
古老红崖

在漫长的地壳运动中，亿万年的风化和侵蚀导致不同时期的沉积层露出地表，呈现出不同的颜色，构成了丹霞地貌，是灰色大地上的一抹亮色。

>>> 必去理由 >>>

丹霞山是中国著名的世界地质公园。山峰、峡谷、奇石和红色的砂岩构成了壮丽的景观，让人流连忘返。

灿若明霞——丹霞山

丹霞山一般指中国红石公园，丹霞山是世界"丹霞地貌"的命名地。丹霞山位于广东仁化县城南，属于南岭余脉。山体由富含氧化铁的第三纪厚层红砂岩、砾岩组成。因颜色丹红灿若明霞，所以得名为丹霞山，是广东省面积最大的风景区，也是以丹霞地貌景观为主的风景区和世界自然遗产地。

观自然风光

丹霞山主要分为丹霞景区、韶石景区、巴寨景区、仙人迹景区和锦江画廊游览区。已开发的丹霞景区有长老峰游览区、阳元石游览区、翔龙湖游览区。锦江画廊游览区和巴寨景区是以自然山水风光为主的景区。

赏地质奇观

丹霞山是目前中国已发现的丹霞地貌中面积最大、发育最典型、类型最齐全、造型最丰富、风景最美的典型代表。山中到处可见悬崖峭壁、岩洞、峰林、石柱等地质奇观。自然景观有长老、海螺、宝珠、僧帽、望郎归、蜡烛诸峰和大明、返照诸岩洞。

丹霞地貌的四个时期

丹霞地貌根据发育程度不同，分为四个时期，即幼年期、青年期、壮年期、老年期。

幼年期 | 蜀南竹海和七洞沟

侵蚀基准面上的红层有开始发育的稀疏河流，流水沿岩层垂直节理裂隙下切，形成深峡、切沟、陡崖。

青年期 | 贵州赤水丹霞

河流发展，流水侵蚀加强，切沟加深、加大，崩塌溶蚀，形成峰林、石柱、陡崖地貌组合。

山岩霓裳——张掖

张掖，又名甘州，位于古有"塞上江南"之美称的河西走廊。张掖是古代丝绸之路上的一颗耀眼明珠，夹在祁连山和河西走廊北山之间。张掖的名字与英年早逝的西汉名将霍去病有关，霍去病击破匈奴，将河西走廊纳入西汉版图，汉武帝褒奖他讨伐匈奴的功绩时称"断匈奴之臂，张中国之掖（腋）"，这个城市遂由此得名张掖。如今的张掖，以一种独特的地貌景观闻名于世，那就是丹霞地貌。

张掖七彩丹霞旅游景区拥有中国北方干旱地区发育最典型的丹霞地貌，是国内唯一的丹霞地貌与彩色丘陵景观高度复合区，其色彩之缤纷、观赏性之强、面积之大冠绝全国。站在这里，眼前似有万亩云霞在大地上铺展开来，无际无边，情形甚是可喜。大约"五彩霓裳挂山岩"所说的就是张掖丹霞地貌的这种风景了。

壮年期 | 广东丹霞山

流水以侧蚀为主，河谷加宽，谷壁逐步崩塌，形成以高峻峰林、石柱、陡崖为主的丹霞地貌组合。

张掖绿洲是哪里？

张掖国家湿地公园是以黑河流域潜水地带草甸、内陆盐沼湿地植被和多样的湿地生态系统为主要保护对象的荒漠绿洲生态系统类型的湿地公园，是茫茫沙漠中的一处丰茂绿洲。

老年期 | 江西龙虎山

侵蚀下降速率大于地壳上升速率，河流成为曲流，峰林、石柱等被侵蚀夷平，逐步准平原化，地貌向侵蚀基准面靠拢而走向消亡。

张掖鼓楼

位于河西走廊的张掖，拥有众多历史遗迹。张掖鼓楼是河西走廊现存最大的鼓楼。

陆地与海洋的争夺战场

在海洋与陆地的边界有一条潮汐带，这里因为海水的反复侵蚀而形成了海蚀地貌，也孕育了诸如红树林、珊瑚礁等富有生命力的生态系统。

女王头

海中山岬——野柳地质公园

中国台湾的野柳地质公园是一处伸入海中的山岬，这一带地层由砂岩堆积而成，受海浪长期的侵蚀和风化，在海边形成陡直的海蚀崖和宽平的岩床。海滩上怪石密布，各显其妙，如突起于石坡上高达两米的"女王头"，她髻发高耸、微微仰首，不论从什么角度看，面目轮廓均端庄优雅，令人赞叹大自然的鬼斧神工。

台湾最美公园之一

在野柳公园内，还有仙女鞋、梅花石、海龟石、卧牛石等景点，这里的海蚀石乳、风化窗、豆腐岩、烛台石，都是引人入胜的美景，野柳公园就此成为台湾的名胜，也被称为"台湾最美公园"。

烛台石

每块圆柱形的石头中间都有圆圆的"烛芯"及"烛体"，远看像一个个烛台。

海蚀地貌知多少

海蚀洞　　海拱石　　海蚀崖　　海蚀柱

海蚀地貌是指由于波浪的撞击、海水的冲刷等运动不断对沿岸陆地侵蚀破坏而形成的独特地貌。沿岸陆地在海水的溶蚀、磨蚀和冲蚀作用下，日积月累，形成海蚀洞、海蚀柱等景观。

大连城山头海滨地貌国家级自然保护区、广东潮安海蚀地貌省级自然保护区等是海蚀地貌的代表景区。

这片海上森林一定是许多小动物的家！

海岸卫士——北海红树林

北海红树林位于广西北海，濒临北部湾。红树林生长在热带、亚热带的海岸，由多种植物组成，以红树林科植物为主。红树林对盐土的适应能力很强，还有支持根可以保持植株稳定，气生根供呼吸之用，具有放浪护堤的作用，堪称"海岸卫士"。

红树林最奇妙的特征是它的胎生现象，这是它们的特殊繁殖方式。由于红树林的栖息环境是高度缺氧的高盐度沼泽区，为了使种子萌发有必需的氧气，成熟的红树种子会在母树上发芽。它们向下生长出幼小的根，使胎根快速生长成茎，顶端长出两片叶子，形成一棵幼树。幼树一旦长大，会自动从母树上脱落。由于茎和根比较重，幼树会垂直下坠，幼小的根能够牢固地插入海滩泥土中，继续独立地生长。大约一到两年后，幼树就能够成长为一株小灌木。这一系列生命创造过程可以与哺乳动物繁殖后代的行为相媲美。

游学百科

珊瑚礁的不同类型

根据礁体和岸线的关系，珊瑚礁可以分为岸礁、堡礁、环礁等不同类型。我们熟悉的澳大利亚大堡礁就属于堡礁，它是世界上最大的珊瑚礁，被称为"透明清澈的海中野生王国"。

海底雨林——三亚珊瑚礁国家级自然保护区

珊瑚礁主要分布在热带和亚热带浅海，是由造礁珊瑚骨架和生物碎屑组成的具有抗浪性能的海底隆起。造礁珊瑚分泌碳酸钙形成外骨骼，它们世代交替增长，最终生长到低潮线。珊瑚礁是一个生物多样性极高的生态系统，被称为"海底热带雨林"。

三亚珊瑚礁属于三亚市沿海区，以鹿回头、大东海海域为主，包括亚龙湾、野猪岛海域，以及三亚湾东西玳瑁岛海域，保护对象为珊瑚礁及其生态系统。保护区水质良好，水下分布着80多种造礁珊瑚，并栖息着多种门类的海洋生物。

海底的"平行世界"

陆地和海底岩石中的盐分被溶解，汇集于原始海洋中，经亿万年的积累融合，演变成今天的海洋。海洋中不只有光怪陆离的动植物，也有多彩复杂的地貌，让我们潜入海底，探索奇妙世界。

> 太平洋、大西洋、印度洋和北冰洋是地球上的四大洋，其中最深的是太平洋。

海洋的形成

火山喷发出的灼热气体，如水蒸气等，构成了地球早期的大气。

早期大气中的水蒸气凝结成雨水，雨水灌满地球上广阔的凹地。

这些巨大的凹地被水淹没，形成了今天的海洋。

海底沉积物

大陆架上覆盖的是一层从江河中被冲进海里的泥沙。在深海中，海底的表面是一层软泥，其中含有大量海洋生物的残骸。

海沟

海底最深的地方

海沟是海洋中最深的地方。它们不在海洋的中心，而处于海洋的边缘。世界上最深的海沟是太平洋西侧的马里亚纳海沟，它的最大深度约11000米，如果把珠穆朗玛峰移到这里，它的最高处将被淹没在2000多米深的水下。

火山

海脊

大洋底部狭长的高地

海脊是海洋的骨架，就像人类的骨骼一样，它在不断地生长、扩张。海脊峰顶的中央裂谷一带经常会发生地震，借此释放能量。这里是地壳最薄弱的地方，地幔的高温熔岩从这里流出，遇到冷的海水凝固成岩，产生新的海洋地壳，把较老的大洋底推向两侧，海底就是这样扩张的。

大陆架

环绕大陆的浅海地带

大陆架是沿岸陆地向海洋中自然延伸并被海水覆盖的区域，它的坡度一般较小，起伏也不大，约占海洋总面积的8%。大陆架浅海靠近人类的住地，与人类关系最为密切，大约90%的渔业资源来自大陆架浅海。

深海平原

大洋深处平缓的海床

在海洋深处3千米至6千米的地方，有广阔无垠的深海平原，面积约占海洋总面积的77%。深海平原是在起伏的玄武岩基底上由沉积物披盖形成的。除此之外，硅镁带被地幔带上地面，在大洋中脊形成新的海洋地壳也是深海平原的成因之一。

海岛

被海水环绕的小陆地

海岛是海洋中露出水面、大小不等的陆地的统称。全世界海岛很多，到目前为止，还很难统计出一个准确数目。

大陆坡

连结海陆的桥梁

由大陆架向外伸展，海底突然下落，形成一个陡峭的斜坡，叫大陆坡，约占海洋总面积的12%。

第五章 生命起源地，物候调节器

连山通海的生命脉络

> 河流是地球的血脉，它源于高山，奔向大海。河流可以把高原夷为平地，也可以把高山切割成深谷。人类文明从河流的两岸孕育，又沿河流发展繁荣。

高山流水——雅鲁藏布江

雅鲁藏布江是世界海拔最高的河流，西藏自治区的最大河流，属印度洋水系，发源于西藏西南部喜马拉雅山脉北麓的杰马央宗冰川。"雅鲁藏布"藏语意为"高山流下的雪水"。雅鲁藏布江支流众多，有着丰富的水量和丰沛的水能资源，水力资源开发条件优越，如干流中游河段可兴建多座水利水电枢纽。雅鲁藏布江干流中游的拉孜—大竹卡、约居—泽当等河段有通航条件。

雅鲁藏布大峡谷北起西藏自治区东南部米林县派镇大渡卡村，南到墨脱县巴昔卡村。因为雅鲁藏布大峡谷中的许多地区至今无人涉足，所以它又被称作"地球上最后的秘境"。从低谷到高山，从雪峰到林海，从江水到怪岩，每一处景观都令人惊叹，每一种生灵都神奇鲜活。虽然人类足迹难以踏入这片禁区，但它却是生命的乐园、自然的宝库。

从空中鸟瞰青藏高原，自雪山冰峰间流出的雅鲁藏布江如同一条银白色巨龙，在"世界屋脊"的南部奔腾不息。它琼浆玉液般的河水，不仅造就了沿江奇绝秀丽的景色，而且孕育出了灿烂的藏族文化。

西藏自治区藏木水电站

藏木水电站是西藏最大的水电开发项目，也是规划建设在雅鲁藏布江干流上的第一座水电站。该水电站位于西藏山南地区加查县境内，在雅鲁藏布江中游的桑日至加查峡谷段出口处。它采用了梯级开发模式。

听说漓江啤酒鱼非常美味呀！

百里画廊

走过桃源，小竹筏慢慢划过杨堤飞瀑、二郎峡，迎面便是百里画廊。在巨大的峭壁上，一条条不同颜色的石纹纵横交错，形成了一幅幅神秘的图画。细细看来，仿佛是一匹匹姿态各异的骏马，或扬蹄飞奔，或昂首嘶鸣，这就是传说中的"九马画山"。

古时相传，如果在短时间内看出壁上有九匹马，日后定能成为状元郎；如果能看出五匹，就可成为秀才。这个传说，让很多望子成龙的父母和渴望学业有成的年轻人慕名而来。

山水不相离——漓江

桂林漓江风景区是世界上规模最大、风景最美的喀斯特山水旅游区，有"桂林山水甲天下"的美称。风景区内岩溶发育完善，地面奇石簪山，有的峰林簇拥，有的一山独秀，有的像人，有的似兽，姿态万千。地下溶洞密布，人称"无山不洞，无洞不奇"，宛若神仙洞府，色彩缤纷，光怪陆离。

漓江是桂江中游水域，蜿蜒荡漾，有"九十九道湾"之说。江水清澈碧透，动似流光，止如明镜，部分江段甚至可以直视水底。这里秀峰林列、绿水萦纡、山石玲珑、岩洞奇幻，如同百里画屏。

这里有芦笛岩、七星岩、象鼻山、訾家洲、南溪山、穿山等喀斯特地貌景观，也有飞瀑、急流、险滩等水景。其中一江（漓江），两洞（芦笛岩、七星岩），三山（独秀峰、伏波山、叠彩山）在桂林漓江风景区中最具代表性。

>>> 必去理由 >>>

"甲天下"的桂林山水是中国的十大风景名胜之一，我们在书上看再多也不如亲自去江上体验一下，感受作为"画中人"的乐趣。

涵养万物的 **大地明珠**

湖泊像是散落在大地上的明珠，是地球上最常见的自然水体之一。历代文人墨客也喜欢在湖畔寄托自己的情思，平静的湖面宛如一面镜子，倒映古今。

>>> **必去理由** >>>

西湖是中国最具诗意和浪漫气息的湖泊之一，以其独特的自然风景、悠久的历史文化和富有情调的湖畔景观吸引着游客。

淡妆浓抹总相宜——西湖

西湖是国家重点风景名胜区，位于杭州市区西部，水域面积5.66平方千米。西湖在汉代前只是小海湾，因潮汐冲刷泥沙淤积而形成湖。隋唐之际，湖内的水逐渐淡化，又经人工不断修筑，成为一个既利于农田灌溉、又可游赏踏青的著名湖泊。发源于西湖群山的金沙涧、龙泓涧等是西湖水的主要来源。西湖三面环武林山，曾称"武林水"；旧时位于钱塘县境内，故也称"钱塘湖"。又因湖在杭城之西，所以人们习惯称之为"西湖"。现在，这个美丽的湖泊已成为杭州最具代表性的景点之一。

西湖水面如镜，四周青山蜿蜒，山环水抱，妩媚多姿，又经历代修筑，名人留迹，成为一个著名的风景湖泊。如今西湖被划分为五个景区：湖心区、湖滨区、北山区、南山区和钱塘区。主要景点有定名于南宋的"西湖十景"：断桥残雪、平湖秋月、三潭印月、双峰插云、曲院风荷、苏堤春晓、花港观鱼、南屏晚钟、雷峰夕照、柳浪闻莺。西湖风景区历史悠久，人文荟萃，以白居易、苏轼为代表的历代文人墨客，留下了大量吟咏西湖的名篇佳作。

断桥情缘

《白蛇传》是中国古代一个关于人和妖的爱情故事，讲述了白蛇所变的白娘子（原名白素贞）与人间青年许仙相爱，却被和尚法海阻挠的爱情悲剧。他们的故事即缘起于西湖断桥。

西湖边埋葬的名人

岳飞

　　南宋时期抗金名将、诗人，位列南宋"中兴四将"之首，其文才同样卓越。岳飞蒙冤被杀后埋葬于西湖边，宋宁宗时追封鄂王。

秋瑾

　　清末杰出的民主革命家，中国女权和女学思想的倡导者。秋瑾死后其墓地进行了几次迁移，最后一次移至西湖孤山山麓。

苏小小

　　相传是南北朝时期南齐的歌妓，生活在钱塘。苏小小其身世不可考，因唐代李贺《苏小小墓》一诗而家喻户晓。

发现了一个适合拍照打卡的好地方！

天空之镜——茶卡盐湖

　　茶卡盐湖位于青海，与塔尔寺、青海湖、孟达天池并称为"青海四大景"。茶卡，藏语意为"盐滩"。青藏高原曾经是海洋的一部分，后来由于地壳运动，抬升变成了世界上平均海拔最高的高原，茶卡盐湖是其中的一个盐湖。

矿物质丰富

　　茶卡盐湖中有近万种矿物和含有40余种化学成分的卤水，是中国无机盐工业的重要宝库。茶卡盐极易开采，人们只需揭开十几厘米厚的盐盖，就可以从下面捞取天然的结晶盐。

形状各异的盐

　　茶卡盐为天然结晶盐，晶大质纯，盐味醇正，是理想的食用盐。因盐粒形状十分奇特，有的像璀璨夺目的珍珠，有的像盛开的花朵，有的像水晶，有的像宝石，因此有珍珠盐、玻璃盐、钟乳盐、珊瑚盐、水晶盐、雪花盐、蘑菇盐等许多美丽动人的名称。茶卡盐湖宛如一面美丽的镜子，吸引着众多游客慕名而来。

雪豹

　　茶卡盐湖在海拔3060米的高原地带，这里有大量的野生动物，如雪豹。雪豹凶猛而机警，身手矫健。

67

昆明四季如春有滇池的功劳！

高原明珠——滇池

　　滇池是云南省最大的淡水湖泊，也是我国西南地区的第一大湖，有"高原明珠"的美誉。滇池不仅有蓄水、灌溉、防洪、航运、养殖等功能，对于调解昆明的气候也起着重要作用。

　　滇池拥有丰富的名胜景观，如秀丽西山、晋宁石寨山、中国名楼大观楼、云南民族村、滇池大坝、云南民族博物馆、观音山、郑和故里等。滇池沿岸景色秀美，可以沿湖骑行、散步，与芦苇荡和花海相遇，与滇池碧波和飞翔的海鸥相伴，是一幅美到令人窒息的山水画卷。

雪山明镜——长白山天池

　　长白山天池位于吉林省长白山自然保护区内，湖面呈椭圆形。即使在盛夏之际，湖水温度也较低。湖面一般在11月底冰封，最厚冰层达1米以上，冰上积雪1米左右，次年6月解冻。

　　长白山天池火山是我国保存最完整的多成因复合火山。长白山天池周围有16座山峰环绕，在朝鲜境内有7座，最高峰为白头峰，朝鲜称"将军峰"，海拔2749米。在中国境内有9座山峰，如白云峰、鹿鸣峰、华盖峰、锦屏峰、观日峰、龙门峰等。其中白云峰最高，海拔2691米，是中国东北地区第一高峰，耸立在长白山天池边，云雾缭绕，巍峨磅礴。长白山天池湖水碧绿，每当天气晴朗的时候，岩影波光，碧水中映着朵朵白云，云山相映，云中有山，山间飘云，景色秀丽异常，真是"一泓天池水，层峦叠嶂峰。苍穹云袅娜，飞来万道虹"。这仙境般美丽的长白山天池，曾经流传着许多关于仙女到此沐浴的神话。

？长白山天池是怎样形成的？

　　宋朝，天池火山经历了一次巨大的喷发，火山口形成一个盆状的凹地。随着时间的推移，火山口的积水形成了湖泊。明朝，长白山天池也经历了剧烈的喷发，喷发物质堆积在火山口周围，形成了高耸的锥状山体。

长白山瀑布

　　湖水从长白山天池北面的绝壁处流下，成为著名的长白山瀑布。瀑布水流长年不断，景观久负盛名。

"湖"的不同称呼

我国各民族对湖的称呼不同，汉族称之为"湖"，白族称之为"海"，藏族称之为"错"，蒙古族称之为"诺尔"，满族称之为"泡子"。因地区和方言不同，对湖泊还有其他不同的称谓，如山东称之为"泊"，河北称之为"淀"，江苏、浙江、上海称之为"荡"等。

碧水画中游——千岛湖

千岛湖是国家重点风景名胜区，位于浙江省西部的钱塘江上游，原为"新安江水库"。千岛湖是新中国成立初期我国自行设计的第一座大功率水力发电站的"蓄水库"。这座人工湖泊，碧波万顷，林木繁盛，岛屿密布，据统计共有岛屿1078个，故称"千岛湖"。湖区气候温暖湿润，冬暖夏凉。环湖锦峰簇拥，湖水碧澄透明，岛屿星罗棋布，奇洞怪石，飞瀑流泉，港汊交错，景色迷人。

人们争相去望西湖的美，然而很多人不知道，整个千岛湖的库容相当于3184个西湖的容量，真可谓是一座"小海洋"。由于地势差异，千岛湖的水位落差很大，平均深度达到了34米。由于水下温度的差异，湖中形成了天然的优质水层，为这里成为矿泉水原产地提供了绝佳的自然条件。同样，这里也不乏奇特而险峻的地貌，丹霞地貌、喀斯特地貌遍布，奇山异石交替组合，绽放出多彩的光芒。典型的喀斯特地貌景观有千岛湖石林、桂花岛等。

除此之外，历朝历代的迁客骚人都曾在千岛湖区留下过他们的足迹。湖区的瀛山书院、石峡书院、蜀阜书院、海瑞祠、贺齐庙等，无不彰显着中国的古典建筑之美。行走在湖边的民居之中，也能感受到小桥流水般最淳朴的田园生活。

千岛湖的桂花岛

奔腾不息的 飞瀑流泉

瀑布如银帘飘落，水珠闪烁如明星，轰鸣声震撼心灵。泉水却清澈纯净，静静地涌出地底，形成一汪碧蓝的水潭。瀑布和泉水共同创造出天籁之音，仿佛大自然的乐章在此奏鸣。

中华第一瀑——黄果树瀑布

黄果树瀑布位于贵州镇宁布依族苗族自治县境内。瀑布原名白水河瀑布，因瀑布右岸有一棵参天大树黄桷树，遂改称为"黄桷树瀑布"，谐音黄果树瀑布。

飞瀑凌空

黄果树瀑布凌空直泻，怒注犀牛潭中，冲出两个深达十几米的巨潭，激起二十多米高的水浪，数百米内水汽氤氲，声闻数里。夏秋季节，声势更为浩大。大瀑布后面的岩壁上，因溶蚀剥落作用形成一组溶洞，称为"水帘洞"。黄果树大瀑布一带，在地表水和地下水的共同作用下，形成"有山必有洞、有水必有瀑"的多彩风景地貌。

瀑布的形成

黄果树瀑布的形成与喀斯特地貌密切相关。最初，这里是一条平缓的地表河流，而地下喀斯特地貌逐渐发育，蚕食脆弱的地层。于是，河水从溶洞上方注入形成暗河，河水最初进入地洞的位置，便形成了跌落的瀑布。

瀑布终将消失

瀑布是指河流的垂直跌落。造成跌水的悬崖在水流的强力冲击下将不断坍塌后退，最终将导致瀑布消失。

"代言人"徐霞客

黄果树瀑布的出名始于明代旅行家徐霞客，后经历代名人的传播，逐渐成为知名景点。

黄果树瀑布群集雄、奇、秀、险于一身，这样的美景，我现在就想去看看！

黄河奇观——壶口瀑布

黄河巨流从高处跌落，激流澎湃，声震数里，好像一把特大茶壶向外倒水，形成了"源出昆仑衍大流，玉关九转一壶收"的景象，故名"壶口瀑布"。

壶口瀑布的宽度随季节变化而变化，通常在 30 米左右，到汛期黄河水量大时可扩展到 50 米。瀑布垂帘，水雾烟云，随着水雾的升高，"烟云"由黄变灰，由灰变蓝，景色奇丽。

>>> **必去理由** >>>

壶口瀑布，四季景色各异，八大自然景观各具特色，波涛汹涌彰显中华气节，素被国人誉为"黄河之心、民族之魂"。

遗迹与奇观

瀑布是地壳运动引起的跌水现象，壶口瀑布是中国黄河唯一的大瀑布，瀑布的下方有连接山西和陕西两省的七郎窝大桥。壶口瀑布附近的黄土高原、黄河河道、秦晋峡谷、十里龙槽和孟门山等，均是大自然的产物。除此之外，在壶口瀑布附近还有黄河高阶地、二趾兽化石产地等重要的自然历史遗迹。伴随壶口瀑布，还出现了一系列奇特的景致，主要有八大奇观，称之为："水底冒烟、旱地行船、晴空洒雨、霓虹戏水、山飞海立、旱天惊雷、冰峰倒挂、十里龙槽"。其中以"水底冒烟""旱地行船""晴空洒雨"最为著名。

壶口瀑布哪些奇观最著名？

"水底冒烟"

在黄河途经壶口的地方，瀑布跌落瞬间激起大量水雾，水雾在腾空之时化成小水珠，在数千米之外远观，像是一片片浓密的烟雾，弥漫于天际，久久不肯散去。

"旱地行船"

由于壶口瀑布下的水流湍急，在这里行船很困难。从壶口上游向下的船只，都要到上游龙王庙那里停靠，待货物全部卸下，人们再用担挑或用畜驮到下游的码头。

"晴空洒雨"

悬瀑飞流形成的水雾飘浮升空，虽烈日当空，但在瀑布附近，犹如下起细雨，湿人衣衫，这也是"水底冒烟"所产生的又一有趣景观。

绝壁飞瀑——吊水楼瀑布

吊水楼瀑布是黑龙江省内的第一大瀑布，在中国瀑布中也颇有名气，它是镜泊湖湖水泻入牡丹江的出口。大约在一万年前，火山喷发流出的岩浆把牡丹江拦腰截断，河水受阻便形成了镜泊湖和吊水楼瀑布。吊水楼瀑布高20—25米，飞流直下，具有很强的冲击力，年长日久，竟将瀑底砸出了一个水潭。潭里水清如镜，可以清晰地看见水下的玄武岩。瀑布跌落，随之卷起千朵银花，万堆白雪，形成的水雾飘散在空中，日光下形成绚丽的彩虹，煞是好看。

壁立千仞的吊水楼冰瀑

在冬季，吊水楼瀑布凝结成冰，悬挂在岩壁上，既像冰峰利剑，也像寒风中的冰雕艺术，静谧而壮丽。瀑布的两侧，悬崖陡峭，怪石峥嵘，让人目不暇接。站在崖边向瀑布望去，似临万丈深渊，顿感双腿发软，心惊肉跳。

吊水楼瀑布小景

由于落差大、水流急，瀑布发出雷鸣般的轰鸣声，奔腾澎湃，气势磅礴。

冬天离太近很危险！

千尺白练——庐山瀑布

庐山瀑布因李白的诗句"日照香炉生紫烟，遥看瀑布挂前川。飞流直下三千尺，疑是银河落九天"而闻名。庐山瀑布位于江西省九江市的庐山中，主要由三叠泉瀑布、开先瀑布、石门涧瀑布、黄龙潭瀑布和乌龙潭瀑布等组成，被誉为"中国最秀丽的十大瀑布之一"。其中最为著名的就是三叠泉瀑布，被称为"庐山第一奇观"，旧有"未到三叠泉，不算庐山客"之说。每年四五月份的雨季，降水充沛，庐山瀑布水流汹涌，山涧水声轰鸣，游客便可行走于山间，领略瀑布的宏伟气魄。

天下第一泉——趵突泉

趵突泉地处"泉城"济南，是济南的象征与标志，与千佛山、大明湖并称为"济南三大名胜"。在济南的七十二名泉中，趵突泉、黑虎泉、珍珠泉、五龙潭四大泉群最负盛名。其中，趵突泉居四大泉群之首，泉水清冽甘美。

趵突泉公园是兼具南北方园林艺术特点的最有代表性的山水园林，还是中国首批重点公园之一。趵突泉水分三股，三窟并发，昼夜喷涌，声如隐雷，水盛时高达数尺。所谓"趵突"，即跳跃奔突之意，反映了趵突泉喷涌不息的特点，十分传神。元代赵孟頫写诗赞其"泺水发源天下无，平地涌出白玉壶"。冬季的时候，泉面上会笼罩着一层薄薄的雾气，宛如人间仙境。

>>> 必去理由 >>>

趵突泉是济南四大泉群之冠。乾隆皇帝南巡时曾册封趵突泉为"天下第一泉"。

老舍笔下的趵突泉

1930年7月，老舍从北平（今北京）来到济南，在当时的齐鲁大学任副教授。老舍在济南一直住到1934年，对济南怀有深厚的感情。闲暇之余，他写了多篇称赞济南山水的文章，其中就有《趵突泉的欣赏》一文。老舍写道："看那三个大泉，一年四季，昼夜不停，老那么翻滚。你立定呆呆的看三分钟，你便觉出自然的伟大，使你不敢再正眼去看。永远那么纯洁，永远那么活泼，永远那么鲜明，冒，冒，冒，永不疲乏，永不退缩，只是自然有这样的力量！冬天更好，泉上起了一片热气，白而轻软，在深绿的长的水藻上飘荡着，使你不由的想起一种似乎神秘的境界。"在老舍的笔下，趵突泉既热情活泼，又温婉含蓄，把泉的动态美和静态美表现得淋漓尽致。奔涌不息的趵突泉，拥有蓬勃进发的生命力，就这样流淌了几千年，滋养着齐鲁大地。

黑虎泉

黑虎泉的泉水从石雕虎口流出，声如虎啸，故得名。因其水质清澈，很多居民在此取水。

📖 游学百科

泡茶最好的五大泉水

古人泡茶时非常重视对水的选择，而泉水一直是泡茶首选。茶圣陆羽在《茶经》中曾明确指出："其水，用山水上，江水中，井水下。其山水，拣乳泉、石池漫流者上。"我国名泉众多，有五大名泉为茶人所喜爱，分别是镇江中冷泉、无锡惠山泉、苏州观音泉、杭州虎跑泉和济南趵突泉。

潮汐之间

触摸海洋的"心跳"

月有阴晴圆缺，随着月相的变化，海洋水位也会相应发生周期性的变化，我们称之为"潮汐"。潮起潮落之间孕育了许多生命，也创造出让人心潮澎湃的景色。

势如万马奔腾——钱塘江大潮

钱塘江是浙江省内最大的河流。钱塘江流域属亚热带季风气候，径流补给以雨水占绝对优势，地下水仅占少量。

钱塘江大潮是世界著名的大潮之一，尤以农历八月十八日最壮观。每年都有大量游客前往钱塘江观潮。钱塘江大潮平均潮差5米左右，最大潮差一般出现在澉浦。全流域水力资源丰富，河口区的潮汐能量更大。

20世纪50年代以来，我国对钱塘江进行梯级开发，兴建了新安江、富春江、黄坛口和湖南镇等水库及水电站。钱塘江兰溪以下为主航道，新安江是沟通浙西和皖南的重要航道。目前已将钱塘江与京杭大运河重新沟通，实现了京杭大运河与五大水系的衔接，形成了以杭州为中心的水运网。

钱塘江大潮的形成

每年中秋前后，钱塘江都会发生潮水暴涨现象。涌潮的形成和天体引力、地球自转的离心作用以及地形密切相关。若遇上强劲的东风或东南风，涌潮现象会更加壮观。

什么是"一潮三看"？

钱塘江大潮最为奇特的便是变化多，有"一潮三看"之说。

交叉潮

由于长期泥沙淤积而形成的沙洲，将潮水一分为二。两股潮水绕过沙洲后会相互撞击，形成交叉潮。

一线潮

没有沙洲等物体阻挡，钱塘潮的行进十分顺畅，潮头姿态呈现一条直线。

回头潮

老盐仓的河道上建有一个保护堤岸的"T"字形堤坝。汹涌的潮水撞击这个堤坝，激起的水浪又会翻卷回头，形成惊险的回头潮。

白浪逐沙滩——亚龙湾

亚龙湾位于三亚城区东南方向，该湾三面被青山相拥，南面呈月牙形向大海敞开。湾内终年保持风平浪静，沙子洁白如玉，细腻柔软。终年可游泳、潜水，是绝佳的海水浴场，被誉为"天下第一湾"。海湾内有诸多大小岛屿，以野猪岛为中心，南有东洲岛、西洲岛，西有东排岛、西排岛，可开展多种水上运动。

亚龙湾海底世界资源丰富，有珊瑚礁、石灰岩礁、花岗岩礁、热带鱼、野生贝类等，是海底观光的极佳胜地。这里因受海洋气候影响，夏季凉爽，冬季阳光充足，温暖如春，且空气中有大量的氧、臭氧、碳酸钠和溴，有利于身心健康，是休养避暑的好去处。

亚龙湾汇聚了世界顶级的五星级酒店，配套设施也十分完善，扮演着迎来送往的角色。这里还有中国唯一具有热带风情的国家级旅游度假区——亚龙湾国家旅游度假区。游客可以体验豪华别墅、会议中心、海底观光世界、游艇俱乐部等具有国际一流水准的设施。

亚龙湾景观

"湾如虹，白如雪，细如面"是对三亚亚龙湾最真实的写照。三亚不愧是"东方夏威夷"。

水上飞人

一种惊险刺激的水上运动，有很多高难度动作。

清补凉

在煮熟冷却后的绿豆、薏米等食材中加入椰汁、椰肉等，再加入冰块，这就是清补凉。

亚龙湾是中国最美的海滩，不仅因为它的风光，还因为它所呈现出的浪漫氛围。不管是休闲度假，还是疗养身心，抑或蜜月旅行，都可以在这里实现。在亚龙湾，被热带的气息团团围绕，喝甜甜的椰汁，吹咸咸的海风，其乐无穷。

冰川世界的探险

地球之巅——珠穆朗玛峰

珠穆朗玛峰是喜马拉雅山脉的主峰，世界最高峰，海拔8848.86米，位于喜马拉雅山脉的中段。由于板块相互挤压，它的高度仍在逐年上升。"珠穆朗玛"是佛经中女神名的藏语音译。珠穆朗玛峰山体呈金字塔状，终年冰封雪盖，山谷冰川发育，山峰周围分布着许多条规模巨大的山谷冰川。在峰麓冰川中有一处神奇的造型——冰塔林，是世界上发育最充分、保存最好的冰川形态。珠峰上南北坡气候差异大，植物结构差异也显著。南坡以高山草甸和苔状植物为主，北坡则是典型的草原景观。

在珠峰的山脊与峭壁间，随处可见大小冰川，美丽的冰塔林也时不时地显现，为它的俊美平添一笔亮色。如逢晴朗，山顶上那团乳白色的烟云格外惹人注目。它好像一面白色的旗帜在珠峰上空挥舞飘扬，由此，"世界最高的旗云"这一景观，成为世人皆关注的奇景。

日照金山——梅里雪山

梅里雪山属横断山脉，位于云南省迪庆藏族自治州德钦县，处于世界闻名的金沙江、澜沧江、怒江"三江并流"地区。梅里雪山北与西藏阿冬格尼山相连接，平均海拔6000米以上的山峰有13座，即著名的"太子十三峰"。

十三峰中最高的卡瓦格博峰，是云南第一高峰，至今无人成功登顶。以卡瓦格博峰为中心，周围有多座终年积雪的山峰。在卡瓦格博峰下有世界罕见的低纬度、高海拔、季风性海洋性现代冰川。雨季时，冰川向山下延伸；旱季时，冰川消融强烈，又缩回山腰。梅里雪山共有四条冰川，其中最长最大的是明永冰川，它从雪山上一直延伸到山下的原始森林地带。

玉龙雪山也有"十三峰"哦！

春城天山——玉龙雪山

玉龙雪山位于云南省丽江市西北，东西宽约10千米—20千米，南北长约60千米。雪山的主峰扇子陡位于南麓，从平原大地上观看，像是一块刻着玉龙雪山名号的大石碑，笔直参天，望见它就相当于看见了整座玉龙雪山的魂脉。在雪山东面，有一处水草丰美的草甸，被当地人称作"甘海子"。

这里有各种各样的花木，兰花、野生牡丹、云南松、冷杉……而且还是一处优良的天然牧场。

根据纳西族的传说，玉龙雪山是他们的保护神及战神"三朵"幻化而成的。而今，依然有每年一度的盛大的"三朵节"来追念这位民族的神灵。

珠穆朗玛峰
8848.86 米

乔戈里峰
8611 米

干城章嘉峰
8586 米

洛子峰
8516 米

马卡鲁峰
8463 米

卓奥友峰
8201 米

道拉吉里峰
8172 米

马纳斯卢峰
8126 米

南迦·帕尔巴特峰
8125 米

安纳布尔纳峰
8078 米

9000
8900
8800
8700
8600
8500
8400
8300
8200
8100
8000

📖 游学百科

玉龙雪山十二景

清代纳西族学者木正源归纳出玉龙雪山的十二种形态，从不同角度、时间描绘玉龙雪山的千变万化，称为"玉龙雪山十二景"。

"三春烟芷"　"绿雪奇峰"
"六月云带"　"银灯炫焰"
"晓前曙色"　"玉湖倒影"
"蝶后夕阳"　"龙甲生云"
"晴霞五色"　"金沙壁流"
"夜月双辉"　"白泉玉液"

水可以在气态、液态、固态三种形态中切换，由温度和压强决定它们的形态。海上的水蒸发形成降雨称为"海上内循环"，陆地上的水蒸发形成降雨称为"陆地内循环"，海陆间的水循环称为"海陆间大循环"。

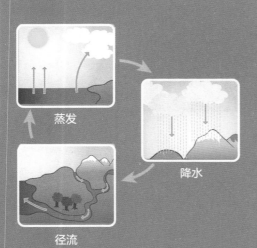

蒸发

降水

径流

蒸发：

随着温度升高，地球上的水会蒸发，变成水蒸气飘在空中，上升到一定的高度后，遇冷凝结成云，云随着大气环流在空中飘动。

降水：

当云层越来越厚，云中的水蒸气会处于饱和状态，逐渐凝结成水滴，水滴越来越大，最后成为雨滴降落下来，这个过程就是降水。

径流：

降落到地面上的水沿山势汇集成小溪，进而汇聚到河流里，或注入海洋，或留在陆地上的湖泊，或渗入地下成为地下水，这都是径流。

冰川：气候严寒的地方，即使夏天降雪也不会融化。日积月累，降雪变成了冰，形成了冰川。地球上四分之三的淡水都在极地地区和高山冰川上以冷冻成冰的形式存在。

河流：雨水从山上流下，流过坚硬的岩石，形成小溪和细流。雨水也渗入地下，形成泉水和地下流水。这些涓涓细流汇集到一起形成溪流，这些溪流和其他的溪流一起形成大河。

河谷：当水在大地流淌时，它会逐渐侵蚀山地，切割出一个由溪水和河流沟谷组成的网络。水把侵蚀过的岩石、沙子、淤泥从上游带到下游低地，倾斜堆积形成沉积物。

水循环过程		
陆地内循环：	2→3→4→5→2	根据图中序号
海陆间大循环：	1→2→3→4→6→8→1	来仔细观察水循环
海上内循环：	7→8→7	的过程吧！

地球脉动——水循环

一滴普普通通的水，无色也无味，它们有时在地下涌动，有时在云端飘荡，有时随着河流穿过森林和山谷，最终奔向最后的家园——海洋，它们的足迹构成了地球上最重要的物质循环之一——水循环。让我们跟随一滴水，看看它在地球上是怎样流动的吧！

3 降水

2 水汽运输

1 海陆运输

7 海上降水

5 蒸发

4 径流

8 蒸发

地下径流

6 径流

地下水：很多水都会渗入地下，特别是在有孔洞的石灰岩地区。水渗入地下，一直到遇上不透水层为止，然后向旁边流，最后在岩石旁滴出形成泉水。

溪流：降雨形成溪流在大地上流淌，汇集成河流。流水在地表切割出河谷和瀑布，把泥沙和淤泥带到低洼处。在这里，河水流得很慢，并且留下许多沉积物，最终河水流回大海。

趣味知识：古文明为什么大多起源于河流流域？

人类历史上的古文明，大多发源于河流流域，出现这种情况的原因主要有：第一，河流流域地势平坦、水源充足，适合人类生存和生产；第二，河流流域的土壤较为肥沃，适合进行农业生产活动；第三，河流流域的气候较为湿润，光热充足，适合人类生活。

我也想像水一样环球旅行！

生机勃勃的
绿色军团

森林景观是具有独特美学价值和功能的野生、原生以及人工森林。我国的森林资源非常丰富，其中以张家界、西双版纳、长白山最具有代表性。让我们一起漫步森林，呼吸新鲜的空气，放松自己的身体与灵魂。▼

张家界国家森林公园

张家界国家森林公园位于湖南省张家界市武陵源区，总面积48.1平方千米。1982年，国务院委托国家计委批准成立湖南张家界国家森林公园，这是中国第一个国家级森林公园。

"三千奇峰，八百秀水"

张家界国家森林公园主要由黄石寨、金鞭溪、袁家界、鹞子寨等景区组成，主要景点有20余处。公园自然风光以峰称奇、以谷显幽、以林见秀，有"三千奇峰，八百秀水"之美称。境内奇峰如人如兽、如器如物，形象逼真，气势壮观；峰间峡谷，溪流潺潺，浓荫蔽日。森林公园内，植物和野生动物资源也极为丰富，成片的原始次生林中，保存有珙桐、银杏、红豆杉、鹅掌楸等古老珍贵树种；石峰溪谷间，生活着灵猫、猕猴、红腹锦鸡等珍禽异兽。

"自然博物馆"与"天然植物园"

张家界国家森林公园内的木本植物种类丰富，观赏植物、鸟类、兽类较多，森林覆盖率达98%，是一座巨大的生物宝库和天然氧吧，被称为"自然博物馆"和"天然植物园"。草木禽兽与奇山异水，同生共荣，形成完美的自然生态系统。

珙桐

因花的形状像飞鸽，也叫中国鸽子树。

鹅掌楸

鹅掌楸的叶片形状很像鹅掌。

张家界四大景区

黄石寨景区

黄石寨景区位于湖南张家界国家森林公园中部，其寨顶为方形台地，相传因黄石公在此隐居而得名。景点有五指峰、雾海金龟、摘星台、天桥遗墩、南天一柱、六奇阁等，风景秀丽。

金鞭溪景区

金鞭溪景区位于湖南张家界国家森林公园东部。金鞭溪因流经金鞭岩而得名。沿途有金鞭岩、神鹰护鞭、文星岩、紫草潭、千里相会、重欢树、骆驼峰等景点。

袁家界景区

袁家界景区位于湖南张家界国家森林公园北部，因唐末起义领袖黄巢手下一名袁姓将士在此居住而得名。与黄石寨、鹞子寨遥相呼应。主要景点有后花园、迷魂台、神龟问天、乾坤柱、天下第一桥等。

鹞子寨景区

鹞子寨景区位于湖南张家界国家森林公园东北部，因一石峰酷似鹞子喙而得名。有天桥、层岩涌塔、老鹰嘴、凌空惊魂等景点。四周悬崖深谷，非常险要。

天门洞

狝猴

群居生物，猴群中有猴王。

1992年12月，以张家界国家森林公园为核心的武陵源地区因奇特的石英砂岩大峰林而被联合国列入《世界自然遗产名录》；2004年2月被列为世界地质公园，并于2007年被授予我国首批国家5A级旅游景区称号。

天门山玻璃栈道

张家界天门山玻璃栈道是一条修建在1400余米高的悬崖峭壁上的玻璃栈道。天气晴朗时，走在上面的人们宛若飘在空中，脚下是深不见底的悬崖，好不刺激；云雾天气时，则好似踏云而行，周围美景时隐时现，别有一番趣味。

红腹锦鸡

知名观赏鸟类，羽毛颜色艳丽。

生物基因库——西双版纳原始森林

西双版纳，古代傣语意为"理想而神奇的乐土"，是我国热带生态系统保存最完整的地区，素有"植物王国""动物王国""生物基因库""植物王国桂冠上的一颗绿宝石"等美称。

西双版纳风景区是地球北回归线附近少有的一片绿洲，是我国极少数得以保存较好的原始热带森林之一。它位于云南省最南部的西双版纳傣族自治州境内。北面有云贵高原作屏障，挡住了寒流，南面受印度洋西南季风的影响，气候湿润，因此冬春无寒潮大风，夏季无台风暴雨。这种得天独厚的自然环境，使这里蕴藏着丰富的森林资源和众多的植物种类。原始森林中有高达80米的望天树、有"活化石"之称的树蕨、云南苏铁、野茶树等国家重点保护的珍稀植物，是重要的生物栖息地。

东方狂欢节

除了自然景观，西双版纳也以少数民族风情而闻名于世，是我国热点旅游城市之一。泼水节于每年4月13日至15日举行，被誉为"东方狂欢节"。

📖 游学百科

神奇的热带动植物

西双版纳终年高温，非常适合热带动植物的生长，拥有丰富的生物资源。

榕树

榕树垂下气生根，一棵榕树也能"独木成林"。

绿孔雀

又叫爪哇孔雀，羽毛非常美丽。

鼷鹿

中国偶蹄目动物中体形最小的一种。

油棕

热带地区重要的油料作物之一。

波罗蜜

老茎生花结果，花和果实都生在树干上。

高山林海——长白山自然保护区

长白山脉位于东北地区东部，因主峰峰顶有很多白色浮石和积雪而得名。1960年，长白山自然保护区建立，1980年，加入世界生物圈保护区网络。保护区内自然条件复杂多样，有森林、苔原、湖泊、温泉、瀑布，是中国温带森林生态系统最大的综合性自然保护区。

长白山自然保护区森林覆盖率较高，达87.7%。长白山垂直自然景观带明显，由于受地质变迁及气候影响，这里的自然条件复杂多样。自然保护区内陆栖脊椎动物种类繁多，其中东北虎、紫貂、梅花鹿、马鹿、

炭化木遗址

在长白山自然保护区内曾发现大面积集中分布的炭化木。有专家认为，这是很久之前长白山火山大爆发的遗迹。

放排和储木场

过去，人们借助水流来运送木材，并将这种方式称为"放排"。如今为保护林区物种，我国已禁止商业性砍伐。

鸳鸯和中华秋沙鸭等珍稀动物是国家重点保护对象。保护区内的典型火山锥体与山地垂直自然景观，为动物、植物、森林、生态、地质、地理、土壤和气象等多种学科的教学和科研提供了理想场所。长白山自然保护区山水秀美，有苍翠的"长白林海"和奇花异卉、珍禽异兽，以及瀑布、温泉和火山遗迹等，成为中国著名的游览胜地。

？ 什么是东北三宝？

长白山所在的东北大地上蕴藏着丰富的物产资源，如东北三宝。东北三宝有"新三宝"和"旧三宝"之分，旧三宝指的是人参、貂皮、乌拉草。新三宝指的是貂皮、人参、鹿茸。

貂皮

貂皮有"裘中之王"之称，也是古代丝绸之路上贸易交流的物产之一。

人参

人参是多年生草本植物，是驰名中外的珍贵药材，被人们称为"百草之王"。

鹿茸

鹿茸主要有产于大兴安岭的马鹿茸和产于长白山的梅花鹿茸。

我要穿着棉袄去雪地里打滚！

土肥畜旺的
草原大地

> "天苍苍，野茫茫，风吹草低见牛羊。"
> 这是我们大家都耳熟能详的诗歌，在大草原上
> 奔跑也成为无数人心中最畅意的期望。草原上
> 不仅有豪迈奔放的游牧民族，还有成群结队的
> 牛羊，它们共同构成一道亮丽的风景线。▼

天然牧场——呼伦贝尔草原

　　呼伦贝尔草原位于内蒙古自治区东北部的呼伦贝尔市，北邻俄罗斯，西与蒙古国接壤，东边是大兴安岭，地域辽阔，水草丰茂。草原的主体位于内蒙古高原的东北部，火成岩分布面积较大，尤以花岗岩分布广泛。呼伦贝尔高原大部分被第四纪风成沙及砾石层掩盖，海拉尔河南岸，阿木古郎至沙布哈特及草原东南部尚有大面积沙丘群。东、北及西部的低山丘陵，山体浑圆，坡度和缓。克鲁伦河以南，以圣山为主干，海拔约900米。圣山以西的平台状丘陵，岩屑广布，部分为风成沙掩覆。呼伦贝尔草原是世界著名的天然牧场，是世界三大草原之一。

牧草王国

　　呼伦贝尔草原自东向西发育森林草原、干草原和灰色森林土、黑钙土、栗钙土等地带性植被和土壤，还有草甸、沼泽、沙生和盐生植被及与之相应的草甸土、沼泽

呼伦贝尔原始森林

呼伦贝尔不仅有一望无际的大草原，还有原始森林，其中海拉尔国家森林公园是呼伦贝尔八景之一。

土、沙土、盐土与碱土。草原上的天然草场以干草原为主体，包括林缘草甸、草甸草原、河滩与盐化草甸及沙地草场等多种类型。

呼伦湖位于呼伦贝尔草原，与贝尔湖互为姊妹湖。站在湖边，视野宽阔，望不见尽头。而在湖畔常常会经历瞬息万变的天气。有时刚刚还是晴空万里，突然间风云变幻，大雨倾盆而下，然而西方的太阳却依旧高悬，形成了一场稀有的"太阳雨"。呼伦贝尔的特产有白瓜子、黑木耳、烤羊腿、整羊席、手扒肉和用产自呼伦湖的鱼做的全鱼宴。这里的鱼含有丰富的蛋白质、无机盐、碳水化合物、脂肪和各种维生素。

放眼望去，像是一张巨大的绿色地毯！

天下第一曲水

莫尔格勒河河道狭窄，蜿蜒曲折，著名作家老舍曾称它为"天下第一曲水"。河水流经呼伦贝尔大草原，沿岸是牧民放牧的好地方，成群的牛羊、奔驰的骏马为它增添了无限生机。

游牧沃土——那曲草原

那曲草原是中国五大牧场之一，位于念青唐古拉山脉、唐古拉山脉和冈底斯山脉之间，不仅是野生动植物的天堂，同时也是一片具有丰厚积淀的文化沃土。牧民们在这片辽阔的草原上，创造了色彩斑斓的游牧文化。这里不仅有远古岩画，也有古象雄王国的许多遗址，英雄格萨尔王的足迹遍布藏北，著名的唐蕃古道贯穿南北。苍莽的大草原因为它们而充满了神秘的色彩。

"那曲"的含义

"那曲"，藏语意为"黑河"，这片40多万平方千米的土地，就是人们常说的羌塘。而西边的达尔果雪山和东边的布吉雪山，就像两头威武的狮子一样守护着这块宝地。

那曲的节日

每年八月是羌塘的黄金季节，绿草茵茵，野花遍地，羊肥牛壮，这也是草原牧民最开心的日子。那曲各地会相继举办一年一度的赛马会，其中规模最大的当数那曲的"羌塘恰青赛马艺术节"。羌塘恰青赛马艺术节有着悠久的历史，源于吐蕃部落操演校兵、检阅武装的活动。每届会期持续3—7天，民间传统的比赛项目主要有赛走马、赛跑马、赛骑射、马上捡哈达、赛牦牛、抱石举重、双人拔河等。赛马艺术节同藏区各地的各类盛会一样热闹精彩，如今还增加了民间舞蹈会演、文艺演出等项目。

横贯草原的唐蕃古道

唐蕃古道起自陕西西安，途经甘肃、青海，终至西藏拉萨。整个古道横贯中国西部，跨越举世闻名的世界屋脊，联通我国西南的友好邻邦，故亦有"丝绸南路"之称。据说著名的文成公主远嫁吐蕃赞普松赞干布走的就是这条大道。

唐朝与吐蕃之间的交流不断。根据《全唐书》的记载，从唐太宗贞观元年（627）开始的200余年间，唐朝与吐蕃之间贸易交流的频繁使得唐蕃古道迅速兴盛，很快成了一条站驿相连、使臣往来、商贾云集的交通大道。至今，在古道经过的许多地方，仍然保留着人们曾经修建的驿站、城池、村舍和古寺，留存着人们世代创造的灿烂文化遗产，传颂着无数关于藏汉同胞友好交往的动人佳话。

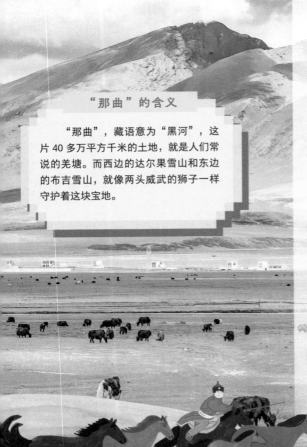

巴音布鲁克草原

九曲十八弯的开都河

万物天堂——巴音布鲁克草原

　　巴音布鲁克草原位于天山南麓，新疆和静县境内。它不仅是中国第二大草原，也是中国第一大亚高山高寒高甸草原。著名的国家级天鹅湖自然保护区就在这片草原之中，数千只天鹅在这里生活、繁衍。据说巴音布鲁克草原有7个湖泊、20多条河流，它们不仅为草原带来了丰富的水源，也赋予它勃勃生机和动人心魄的美。

　　有水的地方就会有生命，更何况有如此多的河流滋养着巴音布鲁克草原。这里分布着茅草、苔草、松草、蒿草，还有大片肥美的酥油草，它们都是草原生物的最佳美食。品质上乘的牧草还养育着草原上著名的天山马、牦牛、大尾羊和双峰驼。而除了牧草，草原上最迷人的莫过于那些绚烂的、惹人注目的野花了，红白相间、蓝紫相容，知名或者不知名的花朵布满了草甸，颜色浓烈而又纯粹，让人恍如走进画卷。

这里的公路和河流一样九曲十八弯，可要小心驾驶啊！

巴音布鲁克草原上的独库公路

87

守望濒危的古老生命

高原奇观——阿尔金山国家级自然保护区

阿尔金山国家级自然保护区位于新疆东南部，地域辽阔，平均海拔4500米以上，这里位置偏僻、高寒缺氧，拥有独特的地理环境和丰富的自然资源，因而成为中国特有和珍稀的野生动物的保护区。IUCN（世界自然保护联盟）、WWF（世界自然基金会）联合考察后在报告序言中称，这里是"不可多得的高原物种基因库"。阿尔金山国家级自然保护区于1983年设立，是我国第一个以高原脆弱生态环境为主要保护对象的保护区。

阿尔金山国家级自然保护区主要保护原始高原生态系统，包括高山湖泊、高山沙漠、岩溶地貌，以及各种珍稀野生动物和高山植物。保护区内已发现的野生动物主要有野牦牛、藏野驴、藏羚、盘羊、雪豹、野骆驼、黑颈鹤、猞猁、藏马熊、高山雪鸡、金雕、白肩雕、玉带海雕、藏雪鸡、胡兀鹫、原羚、岩羊、鹅喉羚、红隼等，其中属于国家保护的有16种。在这片高寒缺氧的景观带上，保护着世界上三分之一的野骆驼。各种珍禽异兽和谐共处，堪称"高原奇观"。

能适应缺氧的环境，这些动物真厉害！

青海湖鸟岛鸟类的活动

鱼鸥

☆ 3—4月：从南方迁徙来的雁、鸭、鹤、鸥等候鸟陆续到青海湖开始营巢。

☆ 5—6月：鸟蛋遍地，幼鸟成群，热闹非凡，声扬数里。此时岛上有30余种鸟，数量约16.5万只。

黑颈鹤

☆ 7—8月：秋高气爽，群鸟翱翔蓝天，游弋湖面，尽情享受青海湖的夏天。

☆ 9月底：候鸟开始南迁，去寻找更温暖的地方过冬，等来年春天再返回青海湖。

斑头雁

鸟类王国——青海湖鸟岛自然保护区

青海湖鸟岛自然保护区位于青海湖的西北隅，分为东西两个小岛，西边小岛叫海西山，又叫小西山，也叫蛋岛，是斑头雁、鱼鸥、棕头鸥的"世袭领地"；东边的大岛叫海西皮，是鸬鹚鸟的王国，所以又叫鸬鹚岛。青海湖因其独特的地理和气候环境，每年五六月份的时候，都会吸引数以十万计的候鸟来此繁衍，非常壮观。鸟岛附近，有大量鱼群（青海湖裸鲤）随布哈河水流入湖内，周围有浅水水生植物眼子菜，河口三角洲上盛产早熟禾等，为鸟类提供食物来源。另外，鸟岛与陆地隔绝，可防兽类天敌来袭，因而成为鸟类理想的栖居地。

据当地人说，过去人为拾鸟蛋的行为，曾经导致鸟类数量大幅度减少，最少的时候鸟类数量只剩下了200多只。1977年，为了保护鸟岛的生态环境，青海省将鸟岛划为自然保护区。2017年8月29日，青海湖景区保护利用管理局关停鸟岛景区，并停止一切旅游经营活动。2022年，青海湖秋季迁徙水鸟数量超过23万只，达到历史新高。让我们期待景区重新开放，与鸟儿重逢的那天。

鸬鹚

鸬鹚岛

面积不到30平方米的石头上筑满了鸬鹚窝巢，像是一座鸟的城堡。

"迁徙的鸟"

"迁徙的鸟"科普项目，可以使公众了解青海湖候鸟的迁徙和保护工作，使公众在几十千米外就可以虚拟观测候鸟栖息地，体验跟候鸟一起飞的互动场景。这个项目对引导公众参与鸟类保护的科研工作有重要意义。

青海湖棕头鸥

棕头鸥由于每年来青海湖较晚，也被称为"迟鸥"。

千湖之地——可可西里国家级自然保护区

可可西里国家级自然保护区位于青海省西部，是我国建成面积最大、海拔最高、野生动物资源最为丰富的自然保护区之一。可可西里国家级自然保护区地势较高，区内山地、宽谷和盆地呈有规律的带状排列。保护区是羌塘高原内流湖区和长江北源水系的交汇地区，湖泊众多，也被称为"千湖之地"，同时保护区内冰川广布，冻土面积大，是我国西北重要的固体水库。

📖 游学百科

可可西里并非全域可以游玩！

可可西里国家级自然保护区是我国最大的无人区自然保护区之一，严格实行封闭式保护，全区分为核心区、缓冲区、实验区三个部分。

核心区：为保护生态，禁止进入。

缓冲区：在核心区外围，经过允许可以进入从事科学研究和观测活动。

实验区：在缓冲区外围，可以进入从事科学实验、参观考察、旅游等。

熊猫之乡——卧龙国家级自然保护区

卧龙国家级自然保护区位于四川省阿坝藏族羌族自治州汶川县西南部，是我国面积最大、自然条件最复杂、珍稀动植物最多的自然保护区，主要保护西南高山林区自然生态系统及大熊猫等珍稀动物。这里也是世界上最大的大熊猫栖息地，是人工繁殖大熊猫的重要科研基地。

卧龙国家级自然保护区以"熊猫之乡""宝贵的生物基因库""天然动植物园"享誉中外，有着丰富的动植物资源和矿产资源。区内共有100多只大熊猫，约占全国总数的10%。被列为国家级重点保护的其他珍稀濒危动物金丝猴、羚牛等56种。

高寒气候下的动植物

保护区因海拔高、气候干旱寒冷,形成了典型的高寒气候特征,植物以矮小的草本和垫状植物为主,木本植物极少,仅存在个别种类,如匍匐水柏枝、垫状山岭麻黄。这里的食物条件及隐蔽条件较差,动物类型组成简单,几乎全为高原特有种,主要有藏羚羊、野牦牛、藏野驴等,它们共同栖居在这个美丽的环境中。

可可西里的藏羚羊

藏羚羊被誉为"高原精灵",也被称为"可可西里的骄傲"。可可西里自然保护区严厉打击盗猎藏羚羊等违法活动,曾成功挽救上万只藏羚羊的生命。

可可西里是动物的天堂,但人类真的很难在这里生存啊。

小熊猫

大熊猫栖息地可不是只有大熊猫哦,还有许多其他的珍稀动植物,比如小熊猫。小熊猫不是大熊猫的"表亲",它们属于浣熊科。

大熊猫主题博物馆

卧龙国家级自然保护区地理条件独特、地貌类型复杂、风景秀丽、气候宜人,拥有山、水、林、洞等资源,集险、峻、奇、秀于一体,还有浓郁的藏、羌民族文化。区内建有相当规模的大熊猫、小熊猫、金丝猴等国家保护动物繁殖场,还有世界著名的"五一棚"大熊猫野外观测站。

卧龙国家级自然保护区有以单一生物物种为主建立的博物馆——大熊猫博物馆。博物馆主要由四个展厅组成,分别是:环境厅、演化厅、生活厅和保护与发展厅,展厅主要通过展示大熊猫的生活环境、历史演变和自身特性,揭示大熊猫的过去、现在和未来,让公众在参观、娱乐的同时了解大熊猫的生存现状,激发人们的保护意识。

高原动物"明星"

在可可西里这个被认为是"生命禁区"的地方,许多高原物种却可以顽强地生存,将这里变成它们繁衍生息的乐园。可可西里有十大有名的高原野生动物,分别是藏羚羊、野牦牛、藏原羚、藏野驴、高原鼠兔、藏棕熊、黑颈鹤、胡兀鹫、青海沙蜥、刺突高原鳅。

游学百科

国宝的生活

四川大熊猫栖息地包括卧龙、四姑娘山和夹金山脉,是世界上最大的大熊猫栖息地。在卧龙的"中华大熊猫苑"里,它们憨态可掬的样子总能把小朋友逗得哈哈大笑。

刚出生的熊猫宝宝非常弱小,需要饲养员的精心照料。

"钓猫"不仅有趣,还能锻炼大熊猫的后肢力量。

大熊猫的尖牙可以毫不费力地咬断坚硬的竹子。

动物世界的研学旅行

生灵的繁衍生息，在这里成为一本微缩的历史。许多动物在这里蹦跳欢腾，这是一个动物的王国，同时也是人们窥视大自然的窗口。在历史的长河中，动物园以一种相对轻松的姿态，见证周遭的兴衰变迁。

最早的动物园——北京动物园

作为中国建成最早、开放最早、饲养展出动物种类最多的动物园，北京动物园拥有5000多只珍稀野生动物。这座世界知名的动物园早已成为北京的一大标志，很多人来到北京就一定要去北京动物园走走看看。

在北京动物园中，狮虎山、熊山和猴山是历史最悠久的建筑。熊山位于动物园东北角，原本是一处稻田，1952年修建成了白熊和黑熊两个下沉式露天馆舍。狮虎山是北京动物园的标志性建筑之一，人们来到动物园之后都喜欢在狮虎山前留影纪念，留住自己参观动物园的美好回忆。猴山位于北京动物园东南侧，这里不仅有假山，还有悬挂软梯、轮胎等游乐设施，可供猴群在这里玩耍。

北京动物园不仅有许多动物，作为一所历史悠久的园林，它还有很多历史遗迹。畅观楼、鬯春堂、豳风堂、陆谟克堂以及宋教仁纪念塔遗址等人文建筑，让我们不仅看到动物园的历史，还可窥见中国近现代历史。

动物园修建之初

修建北京动物园的本意是学习西方社会先进经验，"开通风气，振兴农业"，其中就包括动物养殖和展示。最初出现在北京动物园的动物，是清政府南洋大臣兼两江总督端方从德国购回的禽类和兽类，此外还有各地进献给朝廷的大约百种珍奇动物。

我来这里不会被抓起来吧？

欢乐王国——长隆野生动物世界

长隆野生动物世界位于广州番禺，拥有华南地区亚热带雨林大面积的原始生态园区，珍稀濒危动物众多。园区拥有包括大熊猫、树袋熊、白虎等世界各国国宝在内的500多种珍奇动物，是重要的科普教育基地。

2012年，长隆野生动物世界全球顶尖原生态多媒体主题蛇园"金蛇秘境"盛大开放，首创生态实景、多媒体高端技术和360度穹顶观蛇方式。

1997年，长隆野生动物世界开业，当年春节日接待游客80000多人，创下当时主题公园入园游客数量最高纪录。

2008年，长隆野生动物世界爱心领养了5只四川地震灾区的大熊猫，熊猫总数达到了10只。

2012年，全球顶尖的动态高仿真实景恐龙园——"侏罗纪森林"盛大开园。

2004年，长隆野生动物世界自驾车游览区开放，开创了自驾车观看散养动物的全新模式。

2017年，两大新项目——亚洲原创空中720度观赏野生动物缆车、长隆自主IP熊猫乐园盛大开放。

2016年，"金猴王国"于春节前盛大开放。长隆也因其灵长目动物的数量之多被观众所热捧。

2013年，推出首个立体生态雨林展区"雨林仙踪"，按照雨林生态系统中的分层概念展示动物。

2019年，长隆正式成为世界动物园和水族馆协会（WAZA）的一员。

动物园的三种游览方式

1. 空中缆车区：是全新观赏模式，空中720度观看野生动物，伴有科普讲解，将动物形态、自然生态尽收眼底。共有三个站，分别是熊猫乐园站、非洲草原站、天鹅湖站。

2. 步行游览区：步行游览区由百虎山、熊猫乐园、非洲森林、金蛇秘境、非洲长廊、雨林仙踪、丛林发现、侏罗纪森林、儿童天地等展区组成。

3. 乘车游览区：按照动物的生活地域和习性设计打造，让人和动物在安全和休闲的状态下互相看见，体验与兽同行的乐趣。

了不起的生物圈

在地球上，生物占据着大气圈的最底层、海洋的最表层和地壳表层不到 12 千米深的范围，生物的生存活动对环境产生了很大的影响，并最终创造出了适宜自己生存的环境，这就是我们所说的生物圈。

生物地球化学循环

植物吸收空气、水、土壤中的无机养分合成有机物质，有机物质被动物消化吸收后合成动物机体，动物、植物死后的残体被微生物分解成无机物回到空气、水和土壤环境中。

这是一个连续的物质循环过程，又称"生物小循环"或"生物地球化学循环"。

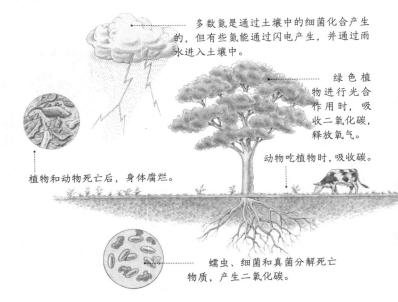

多数氮是通过土壤中的细菌化合产生的，但有些氮能通过闪电产生，并通过雨水进入土壤中。

绿色植物进行光合作用时，吸收二氧化碳，释放氧气。

动物吃植物时，吸收碳。

植物和动物死亡后，身体腐烂。

蠕虫、细菌和真菌分解死亡物质，产生二氧化碳。

生物圈的生命系统

域是生物分类法中的最高类别。生物圈包括生命系统和非生命系统，其中生命系统由古细菌域、真核生物域、细菌域构成。多种多样的生物不仅维持了自然界的持续发展，也是人类赖以生存和发展的基本条件。

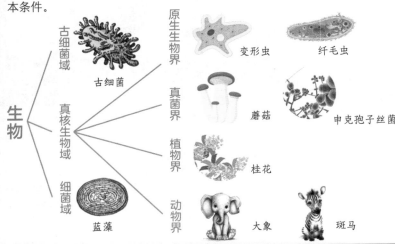

生物 — 古细菌域 — 古细菌

真核生物域 — 原生生物界 — 变形虫、纤毛虫

真菌界 — 蘑菇、申克孢子丝菌

植物界 — 桂花

动物界 — 大象、斑马

细菌域 — 蓝藻

真核生物是所有具有细胞核的单细胞或多细胞生物的总称，它包括所有动物、植物、真菌和其他具有由膜包裹着的复杂亚细胞结构的生物。

真核生物的细胞内有以核膜为边界的细胞核，这是其与原核生物的根本性区别，因此以真核来命名这一类细胞。许多真核细胞中还含有其他细胞器，如线粒体、叶绿体、高尔基体等。

生物圈的非生命系统

　　地球上所有的生物与其环境的总和叫作生物圈。生物圈是一个复杂的、全球性的开放系统，是一个包含生命物质与非生命物质的自我调节系统。生物圈是地球上最大的生态系统。

大气圈

　　大气圈是指地球表面以上的大气层，其中包含了空气、水蒸气，以及气候和气象现象等。大气圈对生物圈起着重要的保护作用，它过滤太阳辐射、调节地球温度、提供氧气和二氧化碳等重要气体。地球大气圈从地面起分别为：对流层、平流层、中间层、暖层、散逸层。其中对流层是各种生物活动的主要圈层，对地表有保温作用，利于生物的生长发育。

水圈

　　水圈是指地球上的水分在不同形态中循环和储存的范围。水圈包括海洋、河流、湖泊、冰川、地下水和大气中的水蒸气等。水对于生物的生存和繁衍至关重要，许多生物体需要水才能进行生理活动，水的循环也是维持生态平衡的关键环节。

　　水圈是占全球71%面积的海洋、江河湖泊、地下水、气态水、雪山冰盖的固体水的统称，是植物的水分库。

岩石圈

　　岩石圈是指地球表面的陆地区域，包括大陆、岛屿和山脉等。岩石圈分布着各种生态系统，包括森林、草原、沙漠生态系统等。岩石圈为生物生存、繁衍和演化提供了场所，同时也受到生物的影响和作用。岩石圈的动植物主要分布在地表和地下，土壤中还有很多微生物和丰富的化学物质，为动植物的生存创造了必要的条件。

图书在版编目（CIP）数据

最美中国：人一生要去的100个地方 / 日知图书编
著.— 长春：北方妇女儿童出版社，2024.2（2024.7重印）
（少年游学）
ISBN 978-7-5585-8097-0

Ⅰ.①最… Ⅱ.①日… Ⅲ.①自然地理－中国－青少
年读物 Ⅳ.①P942-49

中国国家版本馆CIP数据核字(2023)第228939号

少年游学

最美中国：人一生要去的100个地方

SHAONIAN YOUXUE　ZUI MEI ZHONGGUO REN YISHENG YAO QU DE 100 GE DIFANG

出 版 人	师晓晖
策 划 人	师晓晖
责任编辑	王丹丹
整体制作	北京日知图书有限公司
开　　本	710mm×880mm 1/16
印　　张	6
字　　数	100千字
版　　次	2024年2月第1版
印　　次	2024年7月第4次印刷
印　　刷	天津市光明印务有限公司
出　　版	北方妇女儿童出版社
发　　行	北方妇女儿童出版社
地　　址	长春市福祉大路5788号
电　　话	总编办：0431-81629600
	发行科：0431-81629633

定　　价　34.00元